30
ANOS

CB016915

A MÚSICA DO UNIVERSO

JANNA LEVIN

A música do universo

Ondas gravitacionais e a maior descoberta científica dos últimos cem anos

Tradução
Paulo Geiger

COMPANHIA DAS LETRAS

Grafia atualizada segundo o Acordo Ortográfico da Língua Portuguesa de 1990, que entrou em vigor no Brasil em 2009.

Título original
Black Hole Blues and Other Songs from Outer Space

Capa
Rodrigo Maroja

Preparação
Lígia Azevedo

Índice remissivo
Luciano Marchiori

Revisão técnica
Rogério Rosenfeld

Revisão
Valquíria Della Pozza
Isabel Jorge Cury

Dados Internacionais de Catalogação na Publicação (CIP)
(Câmara Brasileira do Livro, SP, Brasil)

Levin, Janna
A música do universo : ondas gravitacionais e a maior descoberta científica dos últimos cem anos / Janna Levin; tradução Paulo Geiger. — 1ª ed. — São Paulo : Companhia das Letras, 2016.

Título original: Black Hole Blues and Other Songs from Outer Space.
ISBN 978-85-359-2795-5

1. Buracos negros (Astronomia) 2. Ondas gravitacionais I. Título.

16-06348 CDD-539.754

Índice para catálogo sistemático:
1. Ondas gravitacionais : Astronomia 539.754

[2016]

EDITORA SCHWARCZ S.A.
Rua Bandeira Paulista, 702, cj. 32
04532-002 — São Paulo — SP
Telefone: (11) 3707-3500
Fax: (11) 3707-3501
www.companhiadasletras.com.br
www.blogdacompanhia.com.br
facebook.com/companhiadasletras
instagram.com/companhiadasletras
twitter.com/cialetras

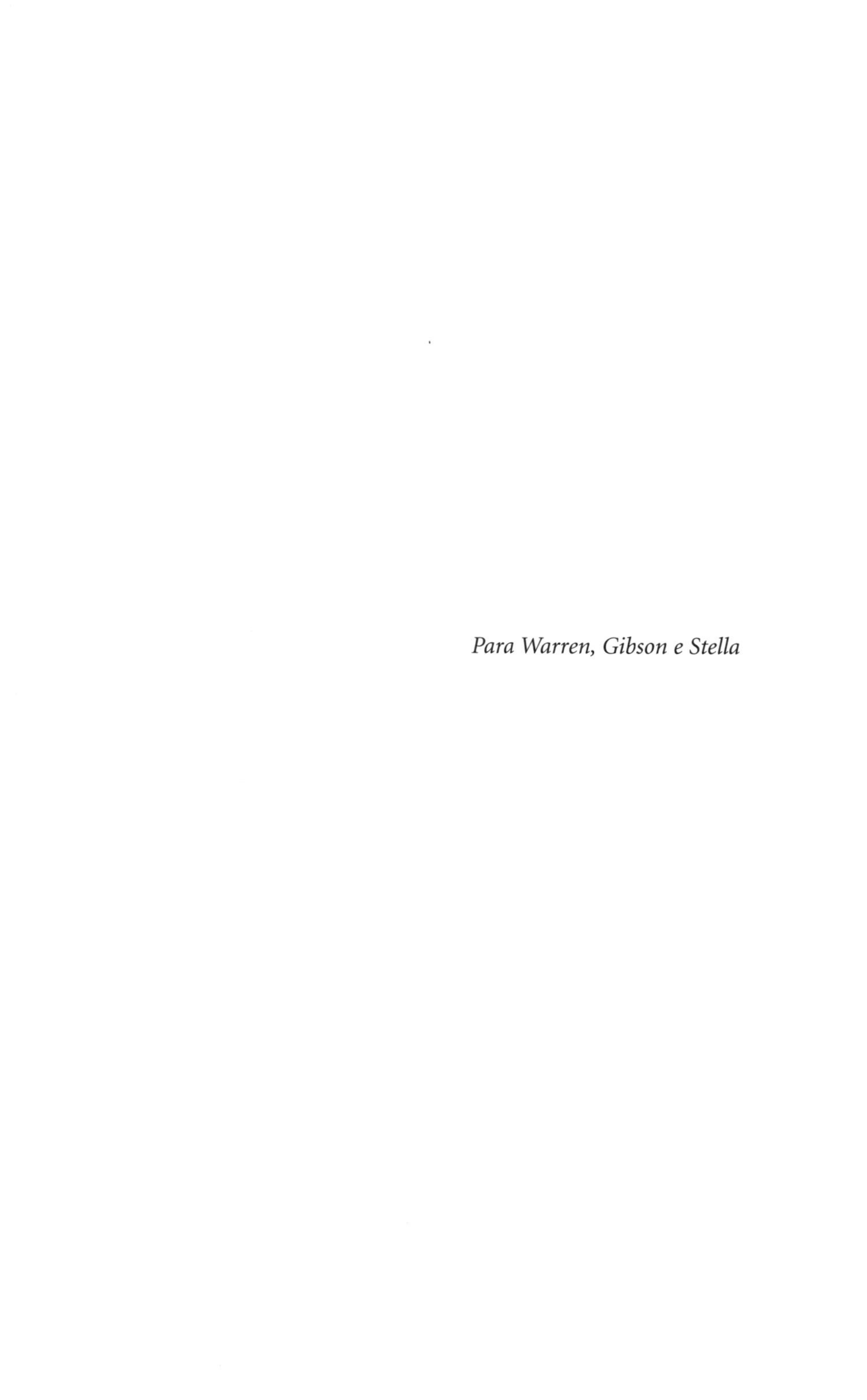

Para Warren, Gibson e Stella

Não há coisa mais difícil de lidar, nem mais duvidosa de conseguir, nem mais perigosa de manejar que chefiar o estabelecimento de uma nova ordem.

Maquiavel, *O príncipe* (1513)

Sumário

1. Quando buracos negros colidem

Em algum lugar do universo, dois buracos negros colidem — pesados como estrelas, pequenos como cidades, literalmente buracos (espaços vazios) negros (com total ausência de luz). Presos pela gravidade, nos últimos segundos que passam juntos eles se deslocam em milhares de revoluções em torno de seu futuro ponto de contato, revolvendo-se no espaço e no tempo até colidir e se fundir num buraco negro maior, num evento mais poderoso do que qualquer outro desde a origem do universo, produzindo uma energia que é mais de 1 trilhão de vezes a de 1 bilhão de sóis. Buracos negros colidem em escuridão total. Nada da energia que irrompe disso se apresenta em forma de luz. Telescópio algum jamais mostrará o evento.

Essa profusão de energia emana de buracos que se coalescem numa forma puramente gravitacional, como ondas na forma de espaço-tempo, como ondas gravitacionais. Uma astronauta flutuando nas proximidades não enxergaria nada. Mas o espaço que ela estivesse ocupando ressoaria, deformando-a, apertando-a e depois a esticando. Se estivesse perto o bastante, seu sistema auditivo poderia vibrar em resposta. Ela *ouviria* a onda. Numa escuridão vazia, ouviria o espaço-tempo. (Revelando a morte por um buraco negro.) Ondas gravitacionais são como sons sem meio material. Quando buracos negros colidem, produzem som.

Nenhum ser humano jamais ouviu uma onda gravitacional. Nenhum instrumento a gravou de modo indubitável. A partir do impacto, percorrer o espaço até a Terra na velocidade da luz poderia levar 1 bilhão de anos. Quando a onda gravitacional chegasse, o ruído estaria tão fraco que ficaria imperceptível. Mais fraco até do que isso. Não poderia nem ser descrito com superlativos convencionais. No momento em que a onda gravitacional chegasse aqui, o ressoar do espaço envolveria mudanças relativas de distâncias da largura de um núcleo atômico em relação à extensão de três Terras.

Na segunda metade do século XX teve início um movimento para gravar o som dos céus. O Observatório de Ondas Gravitacionais por Interferometria a Laser (na sigla em inglês, LIGO) é o empreendimento mais dispendioso já financiado pela National Science Foundation (NSF), a agência federal independente norte-americana de apoio à pesquisa científica fundamental. Existem dois observatórios do LIGO: um em Hanford, Washington, outro em Livingston, Louisiana. Cada máquina cobre quatro quilômetros quadrados. A um custo que, entre as duas, excede 1 bilhão de dólares e com a colaboração internacional de centenas de cientistas e engenheiros, o LIGO é o ponto culminante de carreiras inteiras e de décadas de inovação tecnológica.

Essas máquinas ficaram inativas nos últimos anos para que suas capacidades avançadas de detecção fossem atualizadas. Tudo a não ser o nada — o vácuo — foi substituído, disse-me um dos pesquisadores. Nesse ínterim, cálculos, códigos, computações estão sendo empreendidos pelo mundo inteiro para potencializar as predições acerca de um universo dos mais barulhentos. Teóricos aproveitam esses anos intervenientes para projetar algoritmos, montar bancos de dados, levantar hipóteses. Muitos investiram sua vida no objetivo de medir "uma variação em distância correspondente a menos do que a espessura de um fio de cabelo humano em relação a uma extensão equivalente a 100 bilhões de vezes a circunferência do mundo".

Nos promissores anos plenos de esperanças científicas que se seguem a uma primeira detecção, os observatórios baseados na Terra vão gravar os sons de eventos astronômicos cataclísmicos que chegarão de várias direções e de várias distâncias. Estrelas mortas colidem e estrelas velhas explodem, e aconteceu o big bang. Todo tipo de desordem de alto impacto pode fazer soar o espaço-tempo. Ao longo do tempo de vida dos observatórios, cientistas vão reconstruir uma ressoante e dissonante trilha sonora para acompanhar o filme mudo da história do universo que a humanidade compilou, com imagens fixas do céu e uma série de instantâneos capturados nos quatrocentos anos desde que Galileu apontou pela primeira vez um telescópio rudimentar para o Sol.

Acompanho esse experimento monumental em construção para medir variações sutis na forma do espaço-tempo, em parte como uma cientista que espera poder dar uma contribuição a um campo monolítico, em parte como uma neófita querendo compreender uma máquina totalmente desconhecida, em parte como uma escritora que espera poder documentar os primeiros registros obtidos por seres humanos de buracos negros desguarnecidos. À medida que a rede global de observatórios de gravidade se aproxima da reta final dessa corrida, mais difícil se torna desviar a atenção da promessa de descoberta, embora ainda existam aqueles que duvidam veementemente do seu sucesso.

Sob a sombra de um começo controverso e da oposição de cientistas poderosos, sérias batalhas internas e árduos dilemas tecnológicos, o LIGO se recuperou e prosperou, confirmando projeções e avançando. Cinco décadas após o início desse experimento ambicioso, estamos às vésperas do impacto de uma máquina colossal com um punhado de sons. Uma ideia que cintilou na década de 1960, um experimento conceitual, um divertido haicai, hoje é uma coisa de metal e vidro. O LIGO Avançado começou a gravar os céus em 2015, um século após Einstein ter publicado sua descrição matemática das ondas gravitacionais. Os instrumentos deveriam atingir sua máxima sensibilidade em um ano ou dois, talvez três. A primeira geração dessas máquinas tinha demonstrado e confirmado o conceito, mas ainda assim o sucesso nunca está garantido. Nem sempre a natureza colabora. Essas máquinas avançadas vão travar e se submeter a ajustes, correções e calibrações, e esperar que aconteça algo extraordinário, enquanto cientistas afastam as dúvidas e pressionam até o final.

Este livro, tanto quanto uma crônica das ondas gravitacionais — um registro acústico da história do universo, uma trilha sonora para um filme mudo —, é um tributo a um empreendimento quixotesco, épico, pungente. Um tributo à ambição de um louco.

2. Alta-fidelidade

Às dezoito horas, o prédio está silencioso, considerando que é a sede do Instituto de Tecnologia de Massachusetts (MIT). Tenho de esperar do lado de fora até que apareça uma estudante de pós-graduação. Ela destranca a porta e me deixa entrar, levando a bicicleta em que chegou escada acima. "A sala de Rai é logo ali." A estudante aponta para o corredor e sai na bicicleta, um dos pés apoiado num pedal, o outro pendendo do mesmo lado. Então desmonta novamente e atravessa uma porta de cor clara. Parece ser exatamente igual à de Rai, e percebo que seria fácil errar de porta ali, como acontece em hotéis.

Rainer Weiss faz-me um sinal para entrar. Pulamos a apresentação formal e, embora seja nosso primeiro encontro, falamos com familiaridade, como se nos conhecêssemos há muito tempo, a experiência compartilhada da comunidade científica pesando mais do que uma cidade natal ou mesmo uma geração comum. Recostados em cadeiras que não combinam, nossos pés apoiados num mesmo banquinho.

"Comecei a vida com uma ambição. Queria fazer com que a música fosse mais fácil de ser ouvida. Era criança durante a revolução da alta-fidelidade, em 1947. Construía hi-fis de primeira linha. A maioria dos imigrantes que vinham para Nova York queria muito ouvir música clássica.

"Está vendo os alto-falantes ali? Vieram de um cinema no Brooklyn. Atrás da tela havia uma matriz dessas coisas. Tinha uns vinte deles. Pus todos no metrô. Um grande incêndio havia ocorrido no Paramount, e estavam se livrando deles. Então consegui esses alto-falantes com qualidade de sala de cinema, e tinha esse circuito fantástico que estava construindo e tinha um rádio FM. Então convidava amigos para ouvir a Filarmônica de Nova York e era inacreditável. Você sentia como se estivesse no teatro. O som que saía dessas coisas era inacreditável."

Rai faz um gesto em direção às estranhas formas cônicas de metal de um alto-falante que data aproximadamente de 1935. A estrutura rústica tem um peso exagerado que os avanços no design já aboliram, mas fora isso é surpreendentemente recente quanto à tecnologia, mais para a indulgência de 1970 do que para as necessidades de 1930. O objeto se encaixa bem visualmente com as outras estruturas espalhadas pela colmeia de cientistas servindo a um instrumento gravitacional que se mostrara um convincente experimento conceitual pela primeira vez na década de 1960. Embora fosse descobrir depois que não tinha sido o primeiro, Rai sonhava com um dispositivo que medisse o ressoar do espaço-tempo. Protótipo da ambição científica, o experimento é colossal demais para este prédio ou mesmo para Cambridge, MA. Um laboratório de pesquisa e desenvolvimento destinado a criar alguns dos componentes das máquinas está instalado no porão do edifício ao lado, enquanto todos os instrumentos integrados são construídos em locações remotas.

* * *

Em 2005, Rai reassumiu o venerável papel de professor de física no MIT e com isso pôde caminhar quatro quilômetros pelos túneis de cimento, instalar osciloscópios em tubos de raios laser, examinar 18 mil m^3 de puro vácuo para detectar vazamentos e medir vibrações sísmicas em recintos úmidos e infestados de vespas. Ele havia se desligado essencialmente para ter o privilégio de reemergir como estudante, elevado ao mais augusto título que se pode oferecer aos admirados funcionários aposentados porém ativos: o de professor emérito.

Rai fala com o empático ritmo de uma geração de nova-iorquinos, com o caráter quintessencial de fonéticas americanas que surgiram de um amálgama de sotaques europeus. Qualquer que fosse a cadência alemã com que tenha contribuído para essa mistura, seu timbre familiar me faz lembrar tanto de uma época quanto de uma região. Ele nasceu em Berlim, em 1932, filho de um pai rebelde, Fredrerik Weiss — um comunista —, numa rica família judaica. (A avó paterna de Rai era da preeminente família dos Rathenau. "Muito alemã, levemente judaica", ele diz.) A mãe de Rai, Gertrude Lösner, é descrita como uma atriz rebelde não judia. "De algum modo eles se encontraram", diz Rai, como se houvesse coisas que nunca deveríamos tentar compreender. "Fui o produto desse encontro; ainda não estavam casados", esclarece.

Como todos os outros imigrantes que ouvem a Filarmônica no salão de Rai, ele conta como chegou até lá, para estabelecer o clima, mas esse não é o foco de sua história. O prelúdio se passa num hospital para trabalhadores comunistas em Berlim, onde seu pai era neurologista. Os nazistas tinham se infiltrado na enfermaria e no bairro, assim como em outras vizinhanças. Um deles sabotou uma operação no hospital, matando o paciente e obrigando seu politizado pai a relatar o incidente às cada vez mais declinantes autoridades. Como uma gangue de malfeitores, os nazistas o agarraram na rua em retaliação e o prenderam num porão, que Rai não menciona onde ficava. Poderia ter apodrecido lá — a própria família de Frederick o tinha renegado por causa de seu zeloso comunismo — se não tivesse concebido um filho na véspera do Ano-Novo. A mãe grávida de Rai e o pai dela, um burocrata local da República de Weimar, conseguiram soltá-lo. Conquanto livre para ir embora, ele não era mais livre para ficar.

Frederick atravessou a fronteira da Tchecoslováquia. Sua nova família o seguiu pouco depois. Rai não pode imaginar como seus pais pararam de brigar por tempo suficiente para conceber sua irmã Sybille Weiss, em 1937. (Eles costumavam culpar Hitler por seu atribulado casamento.) Numa interrupção da acrimônia conjugal, a família de quatro passou suas primeiras férias junta nas montanhas Tatra, na fronteira polonesa. No saguão do hotel, um velho rádio em estilo gótico com válvulas brilhando deixou Rai mesmerizado durante a transmissão do discurso de apaziguamento da política exterior de Chamberlain, quando disse que entregaria partes da Tchecoslováquia à Alemanha. O mostrador do rádio foi ajustado para sintonizar a voz de Chamberlain sem distorções. Rai descreve um grupo apavorado de alemães expatriados, muitos dos quais judeus, indo embora, fugindo das montanhas como se fosse do inferno, para chegar a Praga e depois sair da Tchecoslováquia antes que o acordo estivesse consumado. "Fomos embora. E tivemos a sorte de poder fazer isso. Meu pai conseguiu sair de lá porque era médico, enquanto muitas pessoas não conseguiram."

Em Nova York, a mãe sustentou a família durante vários anos com todo tipo de trabalho até que o pai começou sua clínica própria de psicanálise. "Fui para uma escola em Nova York chamada Columbia Grammar School, onde também estudou Murray Gell-Man [prêmio Nobel de física], que estava vários anos à minha frente. Eu era sempre comparado a ele. Você sabe: 'Esse cara realmente conhece alguma coisa. Você é apenas um vagabundo'. Esse tipo de coisa."

Pela primeira vez dispunha-se de frequência modulada no rádio, e Rai tinha conhecimentos de eletrônica suficientes para construir um amplificador e melhorar a qualidade do som. Tinha um pequeno negócio em andamento. A primeira pessoa que comprou uma unidade de seu sistema foi uma amiga da família que ele chamava de "Tia Ruth". Não consegue se lembrar do valor — não que eu tenha perguntado isso —, mas sabe que só cobrou o custo das partes. Rai havia se tornado um empreendedor com seguidores: uma comunidade de imigrantes com apetite para a alta-fidelidade. Uma vez tendo sido comprovado como a música era depurada através do sistema, a demanda cresceu de modo viral.

"Havia coisas chamadas 'discos Shellac', que eram as gravações originais. Tinham um ruído de fundo permanente, um chiado. Os discos de vinil não têm isso. Eles podem reproduzir um estalo. Mas aqui o caso era um verdadeiro chiado ao fundo. Shshshshsh. Via-se a agulha sendo levada pela aspereza da superfície, e eu tentava pensar em maneiras de me livrar daquele maldito ruído.

"Durante uma passagem tranquila de uma sonata de Beethoven ou algo parecido, em andamento lento, sempre se ouve chiado. E como você se livra dele? Quando se ouvem muitos sons, ele não tem maior importância. Fica mascarado. Eu tentei fazer um circuito que mudasse a largura de faixa sonora do dispositivo em função da amplitude do som. Tinha noção de que não sabia o bastante para fazer isso sozinho, portanto queria ir para a faculdade para aprender sobre o assunto.

"Fui para o MIT — queria aprender bem engenharia acústica, porque era a única coisa que eu sabia. Mas muito rapidamente me dei conta de que não queria ser engenheiro. Passei para a física, não sei por quê... Não, vou contar, foi realmente idiota. O departamento de física era menos exigente que os outros, e eu era muito indisciplinado — não queria ter de satisfazer exigência alguma."

Rai me garante que toda a equipe do MIT ainda está trabalhando. Posso enxergar alguns ombros através das portas abertas. No laboratório bem ao lado há muita gente. Vamos conhecer a seção de pesquisa e desenvolvimento. Pesquisadores estão sentados no chão tentando destrinçar uma maçaroca de cabos ou debruçados sobre mesas ópticas, ou ajustando algum instrumento, ou levantando seus óculos de proteção para utilizar um bizarro e antiquado osciloscópio. Juro que vi um disquete. O calibre da tecnologia era dos mais impressionantes, por isso fiquei pasma com ele. O trabalho físico e a meticulosidade se ajeitam e se integram e se retroalimentam e se compõem até que uma máquina é finalmente construída. Essa estrutura de poder é horizontal em algum nível. Cada um parece compreender bem a tarefa, de modo que o coletivo opera como se fosse uma elaborada colônia de formigas em constante mas não necessariamente rápido movimento. Sem que haja pausa alguma, uma coisa é feita, depois outra. O objetivo da concentração de cada um dos cientistas parece ser incrivelmente comprimido, microscópico, dada a escala daquilo para que estão trabalhando. Cada um está capacitado e fisicamente equipado para as desconfortáveis pressões sobre o corpo e as longas horas de trabalho. Um estudante de pós-graduação movimenta com o maior escrúpulo uma peça delicada numa mesa óptica. Cada pessoa faz sua parte para fabricar um dispositivo hipersensível que pretende gravar os sons do espaço cem anos — talvez uns poucos mais — após Einstein ter deduzido que o espaço-tempo era mutável.

Eles estão construindo um dispositivo de gravação, não um telescópio. Caso tenha êxito, o instrumento — científico e musical — gravará modulações liliputianas no formato do espaço. Somente as mais agressivas movimentações de grandes massas astrofísicas podem fazer soar o espaço-tempo em medida suficiente para que possa haver um registro. Buracos negros em colisão esguicham ondas no espaço-tempo assim como as colisões entre estrelas de nêutrons, pulsares, estrelas que explodem e as até agora não imaginadas cataratas no espaço-tempo astrofísico podem fazê-lo. As contrações e expansões de distâncias espaciais e do tempo dos relógios movem-se através do universo — no formato de espaço-tempo — como ondas no oceano. Ondas gravitacionais não são ondas sonoras, mas podem ser convertidas em som por pura tecnologia analógica, muito semelhantemente a como uma onda na corda de uma guitarra pode ser convertida em som mediante um amplificador convencional. Numa analogia que não chega a ser perfeita, as calamidades astrofísicas são o dedo que percute a corda, o espaço-tempo é o jogo de cordas e o aparato experimental é o corpo da guitarra. Ou, algumas dimensões acima, as calamidades astrofísicas são as baquetas, o espaço-tempo é o couro de um tambor tridimensional e o aparelho grava as modulações por que passa o tambor para tocar a partitura silenciosa, que volta para nós em forma de som. Cientistas na sala de controle ouvem o detector, ampliado através de alto-falantes comuns, embora nunca tenham ouvido nada além de um ruído de fundo. O chiado. Shshshshsh.

As instalações do MIT são inestimáveis, mas irrisórias no esquema muito maior da operação na sede do LIGO na Caltech, onde também fica outro protótipo, por sua vez humilhado pelos dois instrumentos em escala total em locações remotas. Rai pergunta. "Você ainda não esteve nas locações? Quando vai? Ah, espere até ver aquilo." Ele se reclina, numa renovada admiração. Os instrumentos em escala total são aproximadamente 2,5 mil vezes maiores do que os do primeiro protótipo de Rai. Eu também me reclino e considero as proporções. "Não recebemos muitos visitantes nas locações."

Desde a época em que começou a faculdade, sua vida científica se concentrou na confusão de ruas em Cambridge, embora, no momento em que saíra do metrô na Kendall Square, quisesse voltar para Nova York. Numa manhã abafada de setembro, o setor industrial da cidade fedia — uma mistura profana de sabão feito de restos mortais e gordura animal com maionese e picles. O toque final de chocolate foi demais. Ele não voltou para Nova York, mas continuou seu caminho para além da fumaça úmida, numa trajetória prolongada que se desviaria de Cambridge apenas por intervalos breves, conquanto essenciais. Embora nenhuma intransigência fosse mencionada durante os primeiros poucos meses em que esteve matriculado no MIT.

"Bem, eu me apaixonei por alguém. Foi no auge da Guerra da Coreia. Como um idiota, decidi que ia partir, e levei bomba. Fui atrás dessa mulher até Chicago. Era uma pianista. Ela mudou minha vida, aliás. Eu nunca tinha pensado muito nesse tipo de coisa, e comecei o piano aos vinte — ou mais velho, acho. Foi por causa dela.

"Muitos anos depois, quando comecei a pensar em ondas gravitacionais, imediatamente me ocorreu: 'Olha só, LIGO cobre o mesmo intervalo de frequências que o piano'.

"De qualquer modo, eu estava totalmente louco de amor. Não pensava nas consequências. É claro que a garota me deixou por outro. Você nunca deve se apaixonar — quero dizer, você não tem permissão para isso. Sabe como é. Então eu voltei. E foi o começo da física para mim. Eu tinha um histórico muito ruim, depois de ter sido reprovado."

Egresso de faculdade em busca de trabalho, um desamparado Rai voltou ao MIT e perambulava pelo Plywood Palace, uma estrutura precária jogada na periferia do campus durante os esforços emergenciais da Segunda Guerra Mundial. A previsão para a existência daquela estrutura de madeira tinha sido de apenas alguns anos, tendo ela sido construída para durar por alguns meses depois que a guerra terminasse. A estrutura improvisada, desconfortável, cheia de estalos, mas resistente, sobreviveu a décadas de redirecionamentos, embora, ocasionalmente, uma vidraça mal colocada pudesse estourar e desabar na Vassar Street. O Prédio 20 nunca teve um nome oficial além do inexpressivo sistema numérico para as edificações alocadas ao MIT. Nenhum apelido cairia melhor do que Plywood Palace [Palácio de Compensado]. Conquanto nada fosse marcante em sua aparência, ele se tornou, silenciosamente, lendário, depois que meia década de cientistas tinha se aproveitado de sua permanência. Buracos foram feitos nas paredes e no teto de madeira compensada. Foram instalados canos para quaisquer recursos que passavam acima ou abaixo de finas divisórias. Ideias pairavam ao longo de seus três andares, além de barulho, sendo ambos abafados por um telhado de alcatrão com isolamento de asbesto, como se a própria precariedade da periclitante estrutura tivesse dissolvido as inibições de seus habitantes. Pelo menos nove laureados com o prêmio Nobel o conseguiram no Prédio 20, com suas bem-sucedidas pesquisas em radar, linguística, redes neurais, engenharia acústica e física gravitacional, uma extensão tão resistente a sumários que análises culturais têm sido dedicadas à questão: quais são os ingredientes ativos que engendraram uma criatividade tão inspirada? Depois de cinquenta anos, tendo desafiado seu prognóstico de longevidade, houve um velório em 1998, com cientistas, vizinhos e crianças que tinham crescido naquele pátio reunidos para assistir ao Palácio de Compensado ser demolido.

Rai opôs-se à demolição do que seria o último bastião do lado perdedor de uma batalha contra a expropriação de domínio público. Os ocupantes do Palácio de Compensado não podiam se mexer sem topar uns com os outros, e essas inesperadas intercessões eram inestimáveis, nunca se replicando. Ele uma vez ajudou um biólogo às voltas com um gato morto. "Bem, um gato quase morto." Os dispositivos eletrônicos conectados aos eletrodos no patético animal tinham falhado. Rai esforçou-se por deixar de lado sua afeição a gatos (ele nem quis olhar) e ajudar o biólogo a obter dados sobre o animal moribundo. "Formamos ali uma pequena e interessante comunidade", minimiza.

Sessenta anos após Rai ter vagado pelos três andares precários perguntando "Ei, precisam de ajuda?" ele é fundamentalmente o mesmo — o que não quer dizer que não tenha evoluído. Alguém estava precisando de ajuda e Rai trabalhou como técnico de laboratório durante dois anos, até voltar a estudar. "Eu me diverti muito como aluno. Então casei, minha mulher engravidou, e foi isso que finalmente pôs um fim na história. Eu tinha de sair daquilo, certo? Mas eu continuaria a ser um estudante para sempre, porque era divertido. Podia passar de uma experiência a outra, e nunca pensava em dinheiro ou nesse tipo de coisa, por isso *fiz* realmente uma experiência após outra. Algumas delas, bem bobocas." Rai se formou e voltou ao MIT como professor, após estágios em Tufts e Princeton. Não gostava do ambiente em Princeton, diz ele à guisa de explicação, afastando investigações mais profundas quanto a seus motivos.

A ideia lhe veio durante um curso que ministrava como professor júnior sobre o obscuro tema da relatividade geral, a teoria de Einstein sobre o espaço-tempo curvo. Diz Rai: "[O MIT] imaginava que se eu tinha estado em Princeton devia saber alguma coisa sobre relatividade, certo? Bem, o que eu sabia sobre relatividade caberia neste dedo aqui. Refiro-me à relatividade geral. Não estou falando de relatividade especial.

"Mas eu não podia admitir que não conhecia relatividade geral. Quero dizer, foi aí que comecei todo este programa de pesquisa para estudar a gravidade, então como vou dizer a eles que não sei nada sobre relatividade geral? Então eu tinha um grande problema nas mãos. Precisava estar pelo menos um dia à frente dos alunos. Fui pego desprevenido, mas não podia dizer não.

"E assim eu dei um curso sobre relatividade. Agora, o motivo pelo qual isso importa na história do LIGO é porque foi ali, nesse curso, que o LIGO foi inventado. Foi por volta de 1968 ou 1969, e eu estava, como já disse, um dia à frente dos estudantes. Enfrentava dificuldades com a matemática. E tentei levar adiante tudo aquilo fazendo disso um *Gedankenexperiment.** Estava tentando, eu mesmo, aprender. Isto é, a matemática estava além da minha compreensão. Mas continuei tentando entender. E os alunos do curso eram muito bons — quero dizer, eles sabiam que eu estava metendo os pés pelas mãos. Mas, ao mesmo tempo, isso interessava a eles, porque eu sempre tentava focar no que sabia quanto aos experimentos, o que era uma coisa rara. Veja só, professores num curso de relatividade geral não focam nos experimentos... Então o curso não tinha muita desistência. Porque eu lhes dizia uma porção de coisas que não obteriam em nenhum outro lugar.

"A turma me pediu que discutíssemos ondas gravitacionais. [...] Usei os artigos de Einstein em alemão, porque sei alemão... O que eu tinha aprendido, de modo simples e cristalino, era que podíamos enviar raios de luz para cá e para lá e medir o que estava acontecendo com eles; essa era a única coisa que eu realmente compreendia em toda a maldita teoria.

* Termo usado por Einstein para definir o método exclusivo usado por ele — de usar experimentos conceituais e não factuais — na demonstração da Teoria da Relatividade. (N. T.)

"Apresentei a ideia como um problema *Gedanken*. 'Bem, vamos medir as ondas gravitacionais enviando raios de luz entre as coisas', porque isso era algo que daria para fazer. A ideia era que ali havia um objeto. Põe-se outro objeto aqui e forma-se um triângulo retângulo que flutua livremente no vácuo. Enviamos raios de luz entre eles e então podemos imaginar como age a onda gravitacional sobre o tempo que a luz leva para percorrer essas coisas. É um problema muito estilizado, como um haicai, sabe? Você nunca pensaria que isso tivesse algum valor."

A ideia: mantenha espelhos suspensos de modo que estejam livres para balançar paralelos ao chão e veja como são jogados pela onda gravitacional que passa. Mantenha controle sobre a distância entre eles, e seus movimentos vão registrar o formato mutante do espaço-tempo. Como a velocidade da luz é constante, o tempo que a luz leva para fazer esse percurso mede o comprimento do percurso. Se o tempo de percurso é um pouco mais longo, é sinal de que a distância entre os espelhos foi esticada. Se o tempo de percurso da luz é um pouco menor, a distância entre os espelhos se comprimiu.

Relógios de precisão não são suficientemente bons para distinguir variações minúsculas no tempo do percurso. A ideia de Rai era usar os espelhos flutuantes para construir um instrumento muito mais preciso, um interferômetro, palavra formada por *interferir* + *metro* (medida). Em vez de lançar a luz ao longo de um braço, um interferômetro envia a luz ao longo de dois braços dispostos em L. A luz laser se divide em dois raios, de modo que cada um deles percorre um braço do L. Cada raio se reflete num espelho nas extremidades e volta ao longo dos respectivos braços para interferir novamente no ápice inicial. A luz recombinada divide-se então em duas saídas. Se ela atravessar a mesma distância em cada direção, então a luz em uma saída vai se recombinar perfeitamente, e a saída será iluminada. A luz na outra saída vai se combinar num cancelamento perfeito, e a saída permanecerá escura. Se os braços não forem do mesmo comprimento, a luz vai se recompor, mas de modo imperfeito, em certo sentido fora de sincronia. A luz vai interferir consigo mesma. O interferômetro é apelidado "ifo", embora, para meu desapontamento, o uso coloquial dessa abreviação seja "i.f.o.", com cada letra pronunciada individualmente, não como uma palavra curta, embora isso ainda possa mudar.

"Muita gente na turma foi cativada por isso.

"O que eu mais obtive desse curso foram estudantes de pós-graduação. Realizávamos reuniões noturnas — era um laboratório maravilhoso — e eu ficava pensando nessa história louca de objetos flutuantes e na luz viajando entre eles. Fazer isso não parecia ser coisa de maluco."

Depois de passar um verão ruminando a ideia, influenciado pelo progresso teórico e pelo desenvolvimento dos experimentos em seu laboratório, Rai construiu um pequeno protótipo no então ainda existente Plywood Palace. O pequeno instrumento com espelhos no vértice e nas extremidades de um L com 1,5 m não tinha sensibilidade bastante para detectar qualquer mudança verdadeira no formato do espaço-tempo. Mas era a demonstração de um conceito e focalizava suas intenções de tal modo que Rai e seus primeiros estudantes conceberam algoritmos para estudar hipotéticos dados caso a explosão de uma estrela enviasse uma irrupção de ondas gravitacionais para a Terra ou um par de buracos negros em órbita fizesse soar um espaço-tempo numa altura de som crescente até ambos colidirem num silencioso buraco negro maior. Eles conseguiram manter a coisa toda funcionando, mas tinham de trabalhar à noite, depois de o metrô fechar, porque o lugar inteiro sacudia toda vez que o trem passava chacoalhando o MIT e fazendo balançar os espelhos. Rai conseguiu que a Vassar Street fosse fechada durante o fim de semana. A coisa perdia o alinhamento toda vez que um caminhão optava por aquela rota. Ele salienta — as bochechas erguidas como balões presos aos cantos do sorriso enquanto descreve a façanha — esse protótipo funcionando em condições tão absurdas, embora, numa lógica inversa, essas condições absurdas talvez tenham sido justamente aquilo de que precisavam.

A construção apressada do Palácio refletiu um despreparo que o governo tencionava corrigir na esteira da Segunda Guerra. Duramente tirado de sua introversão, o país não tinha um exército de cientistas e engenheiros treinados, e esse déficit dificultou a pesquisa militar. Sob as pressões da guerra, incitados pela urgência, tecnologias foram construídas tão subitamente quanto o prédio, com maior valor produtivo. As tensas motivações produziram alguns dos mais cruciais avanços tecnológicos durante a guerra — como o do radar e o da engenharia de micro-ondas —, que foram rapidamente integrados nas ilusórias preocupações da vida em tempos de paz. Embora na década de 1960 o laboratório principal de Plywood Palace ainda sobrevivesse, garantido pelos serviços conjuntos das Forças Armadas, assegura Rai, o suporte vinha sem condições ou diretivas dos militares, exceto de que o dinheiro fosse usado para treinar cientistas e engenheiros em pesquisas de interesse público.

"Não, não, o trabalho não era sigiloso. Os militares constituíam o meio mais fácil e maravilhoso de obter dinheiro. Na época — e isso é algo que foi grosseiramente incompreendido por todas as pessoas que se opuseram ao Vietnã e tudo o mais — era missão dos militares treinar cientistas. Não queriam ser apanhados de surpresa na próxima vez em que houvesse necessidade de um Projeto Manhattan ou de um laboratório de radiação... e tudo o que queriam fazer era treinar bons cientistas, não davam a mínima para aquilo em que iam trabalhar."

O Prédio 20 era a demonstração de um conceito, praticamente um santuário de produtividade cheio de civis industriosos nascidos no país da originalidade e da liberdade, e toda aquela retórica. Uma pesquisa menos tensa, e possivelmente mais alegre, aproveitava o *momentum* de estrondoso sucesso do esforço de guerra, e continuou durante as cinco décadas do Palácio. Outro legado da guerra foi o sistema de financiamento para essa pesquisa. Rai considerava a liberdade que o suporte dos militares concedia a maior atração de seu retorno ao MIT como professor. "Você não tinha de escrever uma proposta; você ia até o chefe do laboratório e pedia. Assim eles me deram 50 mil dólares, o que era então uma grande quantia em dinheiro. Tiraram isso de algum lugar e trouxeram uma porção de coisas para construir o protótipo de 1,5 m."

No excêntrico ambiente do Plywood Palace, a notória pressão acadêmica de publicar ou morrer também se atenuou, embora isso possa ter sido uma ilusão, e Rai aderiu a princípios simples e altos padrões. Nenhum resultado incompleto, nenhuma ideia não concretizada ou experimento fajuto poderiam encontrar algum lugar em publicações acadêmicas. Rai evitava a ascensão social acadêmica por meio de um "publicacionismo" desenfreado. "Um dos dados relevantes sobre mim é que nunca publiquei muito, e isso muitas vezes me atingiu duramente. Não sei, talvez possa ter sido até bom na hora. [...] Mas depois me custou bastante."

Rai era ousado, prático e eficiente, mas sem ambições políticas. Conduzia experimentos por pura curiosidade, indiferente à trajetória de sua carreira. "Nunca pensei no tique-taque da carreira, em estabilidade. Não tinha consciência dessas coisas. Eu era professor, eles tinham acabado de me contratar e eu ia tentar fazer a coisa mais interessante que era capaz de imaginar. Ao diabo com o resto." Sua atitude independente lhe permitia explorar áreas novas e assumir riscos. Também o deixava longe do conforto do *mainstream*. Não só seus experimentos tinham um futuro incerto, mas um queimador lento com ponto de ebulição desconhecido, podendo não levar a nada que os justificasse. Mesmo que tivesse êxito, poderia fracassar.

"As pessoas no departamento me diziam que estavam começando a se preocupar comigo. Achavam que esse programa que eu tinha começado era de tão longo prazo que talvez eu devesse fazer algo que levasse a resultados mais imediatos. E não sou o tipo de sujeito que aceita conselhos desse tipo. Quando estou trabalhando num problema que é importante, não dou a mínima para quanto tempo vou levar.

"Bernie Burke era o chefe do departamento de astrofísica e se tornou meu mentor. Eu não queria ter Bernie como mentor, mas ele se impôs como tal. É seu estilo. E ele estava tentando me dar um conselho. Disse: 'Olhe, você nunca vai chegar à estabilidade' — eu não sabia o que era estabilidade — 'se continuar por esse caminho, porque nenhuma das coisas que está fazendo tem realmente algum significado. E você não publicou nada — não o bastante, pelo menos', e toda essa papagaiada. 'Você tem de fazer algo que seja publicado'."

Rai não podia manter um estudante no ifo por muito tempo. Havia tecnologia demais para desenvolver e se completar na duração de uma pós. O tempo de vida do projeto excederia em muitas vezes o necessário para uma pós-graduação, embora Rai ainda não tivesse projetado quantas vezes mais. Ele também acabara por aceitar que seus colegas desdenhassem da ideia como um todo. Uma máquina totalmente operacional estava fora de questão num futuro previsível. Rai não tinha argumento de defesa ante essa preocupação reiteradamente vocalizada: talvez nenhum fenômeno astrofísico seja calamitoso o suficiente para fazer soar espaço e tempo com bastante audibilidade.

A essa altura, ele chegou a uma proverbial encruzilhada. Para alcançar objetivos científicos, o instrumento tinha de ser grande. Muito, muito grande. Alguns milhares de vezes maior do que seu protótipo, o que significava ao menos alguns quilômetros. Maior que o campus do MIT. O absurdo do aumento na escala podia suscitar motivos suficientes para abandonar tudo. Rai não estava publicando. Os estudantes tinham de ir para outros projetos mais convencionais. (Nesse ponto, ele foi grato a Bernie Burke por sua intervenção e seu aconselhamento, que desviaram Rai e seus estudantes para importantes experimentos cosmológicos como uma forma de escape.) Rai poderia ter sua estabilidade negada, o que equivalia à demissão. E o conforto de um laboratório de pesquisa financiado com suporte militar subitamente teria um fim. "[...] isso foi completamente corrompido pela Guerra do Vietnã. Infelizmente ela interferiu, veio a emenda Mansfield e isso me pôs dentro do processo. [...] Foi o início do fim do apoio militar. De algum modo as pessoas adquiriram a noção de que os cientistas estavam a serviço das Forças Armadas. O que foi muito ruim, e aconteceu por toda a raiva dirigida à Guerra do Vietnã. Foi parte do movimento antiguerra... mas o material que eu estava trabalhando era irrelevante para os militares. Então, imediatamente, pela primeira vez na vida, fiz uma proposta."

Isso deve ter sido por volta de 1973, para que a NFS financiasse seu trabalho no protótipo de 1,5 m. A proposta foi recusada. Sem financiamento e sem um plano razoável para manter os estudantes no laboratório, Rai redirecionou sua energia a um experimento cosmológico diferente, medindo o brilho remanescente do big bang. Ele conseguiu e até mesmo prosperou, mas sua ideia, que podia não ser totalmente maluca, parecia estar condenada.

Aproximadamente um ano após o desapontamento de ter sua proposta recusada, Rai recebeu uma ligação de um físico alemão do Instituto Max Plank. "[...] um tal de Hans Billings. Ele queria saber quão longe o interferômetro tinha chegado... Estavam buscando um próximo passo e ficaram realmente interessados nessa ideia." Rai não conseguiu imaginar como Billings tinha sabido de seu pequeno ifo no Prédio 20. A única publicação em que ele apresentara o trabalho fora um relatório interno, que talvez tivesse uma modesta distribuição, mas não constaria em uma biblioteca típica. Quando pressionado, Billings admitiu que tivera conhecimento do trabalho mediante a proposta fracassada de Rai à NFS. Ele suspeita que sua proposta tenha sido enviada pela fundação a todos os pesquisadores sérios de ondas gravitacionais, pedindo opiniões quanto aos méritos dela.

"Na época não tínhamos chegado a avaliar até que ponto [o ifo] estava funcionando. O que aconteceu, no entanto, é que eles começaram a trabalhar nisso. Ou seja, não se pode fazer as pessoas pararem. E o grupo do Max Planck de fato aproveitou mais os primeiros desenvolvimentos porque tinha o dinheiro. Sempre tive muita inveja disso. Eles tinham dinheiro, e tinham um grande grupo de profissionais muito experientes... E foram imediatamente para os interferômetros — isso por volta de 1974, provavelmente. Eu não pude seguir adiante."

Rai estava contente que os alemães estivessem progredindo. Mas também tinha inveja deles. Reclamou com a NFS que sua proposta recusada fora endossada na Alemanha da forma mais significativa como qualquer proposta científica podia ser endossada, e sua queixa bem fundamentada levou a fundação a lhe dar algum dinheiro, o bastante para finalizar o protótipo do MIT. Enquanto isso, os alemães eram engenheiros muito bem organizados com acesso a fundos, "e fizeram um trabalho espetacular construindo a coisa". O ifo alemão tinha três metros de comprimento e era lindo, mas, como o de Rai, pequeno demais para detectar qualquer onda gravitacional. Era um brinquedo, o carro em miniatura de colecionador dos ifos.

A ideia tinha se espalhado e estava se tornando algo, uma coisa física, crescendo em escala e em tecnologia. Estava nas mãos de outros cientistas, literalmente nas mãos, enquanto soldavam, fundiam e rebitavam, tirada de uma atmosfera de ideias para a realidade do metal e da luz laser. A desvantagem de Rai era significativa e, ele compreendia bem, essencialmente intransponível. Não podia construir a coisa real, a máquina em escala total, o dispositivo de gravação definitivo, o insano pináculo astronômico da engenharia acústica. Ele teria que observar enquanto outros criavam esse haicai físico. Ficou quieto, desenvolvendo paralelamente a instrumentação, botando estudantes para dentro e para fora do laboratório enquanto avançava em outras frentes experimentais. Rai começara sua vida com uma ambição, a alta-fidelidade — tornar a música mais fácil de ouvir —, e essa ambição estava ligada a um projeto de longo prazo e subestimado num laboratório periclitante que nunca seria competitivo.

"Então encontrei Kip. Esse foi o grande evento seguinte."

3. Recursos naturais

Kip Thorne é uma figura icônica. Astrofísico brilhante e influente relativista. Sua barba, com um triângulo branco invertido no centro, é emoldurada por suíças mais escuras, como se fosse o peitoral de uma camisa branca brilhando em contraste com lapelas de tom acastanhado. Seus longos cabelos já se foram há muito tempo, mas o espírito boêmio das décadas de 1960 e 1970 permanece. Tão poucos astrofísicos são tão influentes quanto Kip que sua aclamação é quase uma excentricidade. Suas especificidades — como o estado, o comprimento e a cor de sua barba — ganham atenção indevida, o excêntrico em alta ampliação.

No final da década de 1970, já um bem-sucedido professor na Caltech, Kip queria participar de algo grandioso. Embora fosse um teórico, com um intelecto profundo e cuidadoso, capaz de percorrer os amplos domínios do rigorosamente abstrato, ele queria que a Caltech se envolvesse em algo observacional, real. Tendo prerrogativas e talento como bagagem, comprometido com a ideia de um universo compreensível, ele percorreu ruas não familiares numa viagem ao nordeste, na esperança de que essa caminhada revigorante pudesse responder à pergunta: o que fazer com tudo de que já dispunha? Talvez não tivesse literalmente olhado para o céu como um prospector que acessa uma valiosa fonte natural, mas se perguntava qual de seus ativos deveria aspirar para a Terra. Decidiu, embora deva ter sido mais uma constatação do que uma decisão, que queria que a Caltech se dedicasse à busca e detecção de ondas gravitacionais.

A família de Kip Thorne tinha se mudado para Utah antes de as ferrovias serem construídas. Mórmons tradicionais durante gerações, seus instruídos pais eram feministas, o que não era convencional naquele contexto. Seu pai, um químico especializado em solo, D. Wynne Thorne, era professor na Universidade Estadual de Utah. As leis antinepotismo da época tinham impedido sua mãe, Alison (Cornish) Thorpe, ph.D. em economia, de ter um cargo oficial na mesma universidade, embora tivesse dado início a um programa de estudo para mulheres. Muito tempo depois de o marido falecer, a mãe de Kip reuniu a família, três filhas e dois filhos ("Uma pequena família mórmon", graceja Kip), e anunciou que iam romper com a Igreja em reação a suas práticas no que concernia às mulheres. A Igreja alegremente excomungou as moças, mas não os rapazes. "Foi mais difícil convencê-los quanto a isso", ele ri. Quando ela morreu, o jornal local publicou como manchete da primeira página "Morre uma velha radical". A admiração de Kip pela mãe mantém o mesmo frescor até hoje e suspeito que seu espírito livre — expressão que eu poderia ter concebido para descrever Kip — seja hereditário.

O sonho de Kip era operar um limpa-neve, mas sua carreira foi redirecionada quando tinha oito anos e sua mãe o levou a uma palestra sobre astronomia. Essa introdução não poderia ter sido mais oportuna. Conquanto muito bem equipado em habilidades matemáticas fomentadas sob o firmamento de Utah, ele parecia estar destinado à astrofísica. Na época em que conheceu seu influente orientador John Archibald Wheeler, nenhum sonho com limpa-neve enfraqueceria sua determinação.

Wheeler foi professor do primeiro curso sobre relatividade em Princeton, em 1952, uma década antes de Kip se matricular. Era intenção dele estudar o assunto tanto quanto ensinar, aparentemente uma tática-padrão dos professores de física. O chamado da relatividade geral seria o último na vida de Wheeler. Ele tinha orientado 46 ph.Ds. em física (difícil não mencionar seu mais famoso estudante, Richard Feynman). Foi o "avô da relatividade americana", produzindo a primeira onda de grandes relativistas dos Estados Unidos, entre eles Kip, e influenciando as ondas subsequentes. Lembro-me de tê-lo visto nos famosos almoços em Princeton, quando se espera que visitantes levem à mesa suas pesquisas. Wheeler era a realeza, então com oitenta anos, esforçando-se por ouvir com a ajuda de uma trombeta acústica. (Ou será que eu imaginei a trombeta acústica?)

Wheeler voltou-se para a relatividade depois de sair do programa de armas nucleares. Tinha ajudado a projetar e usar reatores para produção de plutônio de 1942 até o final da guerra. As instalações químicas para separação de plutônio eram enormes, concebidas para produzir 250 milhões de watts de potência, o que não chega a ser o dobro da potência necessária para alimentar a liberalmente iluminada Times Square. Essa potência elétrica bruta foi investida num dispositivo, carregado por um avião bombardeiro até ficar acima de um alvo e então solto para navegar em queda livre até a Terra e lá detonar 1 mortífero trilhão de trilhão de watts. A bomba de fissão de plutônio iluminou o deserto americano e inspirou a memorável tradução do *Bhagavad Ghita* por Oppenheimer: "Agora eu me torno morte, a destruidora de mundos". Em um mês, uma bomba de fissão de urânio, a Little Boy, foi detonada sobre Hiroshima, e três dias depois uma bomba de fissão de plutônio, Fat Man, foi detonada sobre Nagasaki.

Convencido de que era seu dever cívico, Wheeler aderiu ao esforço de guerra, apesar dos sacrifícios pessoais, da tensão na família e da interrupção de seus próprios propósitos científicos. Antes de se sentir chamado a esse serviço, ele tinha ouvido o rádio no chamado Fine Hall Tea Room, em Princeton, cercado por um ambiente emulando os ares altamente civilizados das universidades britânicas, e, apesar de suas amizades com os imigrantes intelectuais, inclusive sua intimidade com Albert Einstein, achou os rumores sobre as atrocidades alemãs improváveis. Não acreditou neles. Segundo sua própria descrição, seus colegas ficavam constrangidos quando passavam por ele e o viam prestar atenção na propaganda que recebia por ser membro da Sociedade Física da Alemanha. Em sua autobiografia, Wheeler descreve sua simpatia pelo Estado alemão, sua convicção de que seu domínio daria estabilidade à Europa, a punição de seus pais e o gradual declínio de sua simpatia à medida que a guerra prosseguia. Wheeler escreve com franqueza sobre seu erro de julgamento, que ele reconhece totalmente, e sobre a punição dos pais enquanto as notícias sobre atrocidades se acumulavam. "É difícil agora, mais de cinquenta anos mais tarde, compreender minha estrutura mental na época... Mesmo enquanto eu estava fazendo algo que poderia ajudar a derrotar a Alemanha, eu me agarrava à convicção de que as pessoas são fundamentalmente boas em todo lugar... No fim da guerra eu já sabia melhor das coisas... Mas foi só quando visitei Auschwitz, em 1947, que todo o horror da barbárie alemã chegou até mim", admite.

Wheeler decidiu contribuir para o esforço militar quando os Estados Unidos declararam guerra ao Japão, em 8 de dezembro de 1941, um dia após o ataque a Pearl Harbor. Foram buscar físicos na academia e eles fluíam pelo país inteiro para encontrar aplicações de seus talentos no Plywood Palace e em instalações de pesquisa nuclear em Los Alamos, Novo México, e Oak Ridge,

Tennessee. No início de 1942, Wheeler estava a serviço em Chicago e depois em Delaware, antes de se ver diante dos gigantescos reatores de plutônio em Hanford, Washington, em 1944, dedicado a prover os Estados Unidos de uma bomba atômica para derrotar a Alemanha. Em algumas semanas, com os reatores ligados, Wheeler recebeu a notícia de que seu irmão mais novo, Joe, alocado na Europa, tinha desaparecido em ação. O ímpeto que já o motivava intensificou-se. Ele escreve: "Durante dezoito meses, até ser descoberto, em abril de 1946, em decomposição avançada, o corpo de Joe ficou abandonado com o de um camarada numa trincheira, na colina em que foi morto". Quando criticado pelo uso da bomba atômica, ele respondia, como o fez em sua autobiografia: "Não se pode escapar à conclusão de que, se o programa da bomba atômica tivesse começado um ano antes e sido concluído um ano antes, isso teria poupado 15 milhões de vidas, incluindo a de meu irmão Joe".

Em 1950, Wheeler contribuiu para a construção de uma bomba de hidrogênio como arma de segurança nacional, ante a escalada da Guerra Fria. Muitos de seus amigos e colegas rejeitaram seus motivos e criticaram seu envolvimento. Ele ficou magoado com a divisão, mas não achou que devia desculpas. Até mesmo Oppenheimer se opusera no início ao programa da bomba de fusão de hidrogênio, arma de poder potencialmente ilimitado. (Oppenheimer mais tarde apoiaria o projeto.) Embora Wheeler não tivesse deposto na audiência em 1954 que destituiria Oppenheimer de seu grau de acesso a itens de segurança (o notório Edward Teller depôs), ele não fora de todo antipático à ideia ou à decisão. Estou usando aqui uma enrolada dupla negativa como afirmação porque não me sinto em posição de definir com mais exatidão o estado de espírito dele, mas Kip sente que está. Ele me informou, com base em suas próprias discussões com Wheeler, que eu poderia usar o fraseado gramaticalmente mais simples: Wheeler foi simpático.

Ele também não fora totalmente contra o Comitê de Atividades Antiamericanas, que despojava acadêmicos de sua torre de marfim por crimes de silêncio. (O pai de Rai, aliás, tinha muito a temer nesses tempos de censura. Ele destruiu fotos de si mesmo com Lênin e Trótski e "permaneceu imóvel como um tapete", segundo Rai. O pai mobilizou Rai para que transcrevesse os arquivos de seus pacientes num código baseado no alfabeto grego [α em vez de a, β em vez de b etc.], numa tentativa de ocultar toda referência a comunismo, o que era uma espécie de moda entre os europeus — o comunismo, não o código. Quem quer que fosse suspeito de atividade comunista era pressionado a fornecer nomes, inclusive o de Frederick Weiss. E talvez Wheeler também não fosse totalmente contra esse tipo de coisa.)

Wheeler conseguiu dirigir novamente sua atenção à pura ciência depois de sentir o impulso de seu chamado ao serviço nacional arrefecer. Mas sua experiência com a energia nuclear moldou de forma ativa seus interesses científicos. O duramente adquirido conhecimento de física nuclear levara a terríveis novas maneiras de matar pessoas. Imunes ao aspecto moral, as mesmas e desapaixonadas leis da física atuavam fora da Terra. Isso levou a grandes soluções de venerandas questões, incluindo: como é que o Sol brilha? Com o alavancar da ciência que levara à detonação da Little Boy e da Fat Man, essa dúvida pôde ser resolvida. As estrelas vivas queimam elementos simples por meio de reações termonucleares e assim permanecem no ar, vivas e brilhantes. A cada segundo o Sol queima muitos milhões de toneladas de hidrogênio, como uma implacável bomba H. Toda essa energia em forma de calor mantém o astro estufado e altamente pressurizado, de tal forma que resiste ao colapso gravitacional total. E isso continua durante um tempo muito longo. Quando a fusão nuclear não é mais energeticamente favorável, após alguns bilhões de anos, essencialmente quando a estrela fica sem combustível na forma de elementos leves, a fornalha arrefece e a pressão para fora que mantém a gigantesca atmosfera no ar não dá mais conta da tarefa. A estrela começa a desabar sob seu próprio peso. E daí? Wheeler acreditava que o tema do estado final do colapso gravitacional era a mais importante e relevante questão individual da física de seu tempo.

O interesse de Wheeler no colapso estelar por sua vez inspirou seu interesse na relatividade. Entender o colapso de estrelas mortas e seus estados finais requeria uma compreensão não só de física nuclear como também de gravitação, o que tinha se tornado sinônimo de Teoria Geral da Relatividade, uma descrição matemática do espaço-tempo curvo. A gravidade esmagaria uma estrela moribunda, mas as forças nucleares resistiriam à compressão. Qual delas venceria?

Aproveitando as condições favoráveis do avanço nazista sobre a Polônia em 1939, J. Robert Oppenheimer e seu aluno Hartland Snyder publicaram um tratado seminal, baseado em condições idealizadas, no qual alegavam que uma estrela grande e densa ao morrer desabaria irrestritamente, desaparecendo de vista ao final. Em segundo plano, sob o imperativo da sobrevivência durante a Segunda Guerra Mundial, seu trabalho não chamou atenção imediatamente e o conhecimento especializado seria investido em outra direção. Quando John Wheeler voltou sua atenção para o tema, no fim da década de 1950, criticou o trabalho de Oppenheimer de maneira um tanto ofensiva. Wheeler mencionou suas hipóteses como simplistas e pouco realistas, capazes de conduzir a conclusões não confiáveis. O colapso não se processaria sem obstáculos até um insustentável desfecho, conjeturava Wheeler. Mas, depois ele e sua equipe de Princeton, equipados com o conhecimento do pós-guerra sobre a fissão e a fusão nucleares, assim como com novos computadores, responderam a suas próprias críticas, completando com isso o catálogo do cemitério estelar.

Resumindo as décadas de contribuição ao tema, há três estados na morte estelar: estrelas como o nosso Sol morrem como anãs brancas, uma esfera fria de matéria degenerada comparável em tamanho à Terra, com a pressão de elétrons densamente compactados sendo suficiente para resistir ao colapso. Estrelas mortas mais pesadas terminam estavelmente como estrelas de nêutrons, uma esfera ainda mais densa de matéria nuclear degenerada com vinte a trinta quilômetros de diâmetro, com a pressão de nêutrons densamente compactados, sendo suficiente para resistir ao colapso. Mas as estrelas mais pesadas não têm mais recursos a opor às pressões nucleares. Um colapso irrestrito é inevitável.

Em 1963, Wheeler subiu ao palco de uma assembleia para palestrar sobre colapso gravitacional inexorável, a favor das alegações de Oppenheimer e Snyder, quase um quarto de século antes. Oppenheimer, conspicuamente, não estava na plateia. Talvez ainda magoado com as críticas, talvez sem interesse numa reconciliação ou em celebrar as contribuições de Wheeler, preferiu ficar sentado em um dos bancos fora do auditório conversando com amigos. Naquele momento, o interesse de Oppie, destruidor de mundos, estava investido em outras coisas, não em sua mais inventiva e significativa contribuição à física teórica. Em 1967, pouco depois da morte de Oppenheimer, durante uma conferência, Wheeler estava buscando um termo que descrevesse a morte definitiva de uma estrela, cansado de repetir "objeto gravitacional em colapso total", e alguém na plateia gritou: "Que tal buraco negro?".

(Citando Rai: "Isso é deixar de fora um bocado de história, mas paciência".)

Uma estrela em colapso pressiona além da resistência de elétrons esmagados, além da resistência dos núcleos. Quando o material estelar é suficientemente comprimido, as curvas no espaço-tempo em torno da massa em colapso ficam tão acentuadas que até a luz pode ser capturada em sua órbita. À medida que o colapso continua, a luz não pode escapar da superfície, como se o espaço-tempo extravasasse atrás do material esmagado mais rápido do que a capacidade da luz de escapar para fora. Um horizonte definindo a região de não retorno, o horizonte de evento, é inscrito na própria geometria do espaço-tempo. O horizonte de evento projeta uma sombra totalmente destituída de luz, e um buraco negro é formado. O buraco negro já não é uma estrela. Na verdade, ele não é coisa alguma. O material pulverizado que lança a sombra do horizonte do evento continua a se desfazer até desaparecer. O buraco negro não é mais do que sua sombra.

Wheeler iniciou Kip Thorne nessa era espetacular de buracos negros e mecânica quântica. Kip esteve na primeira geração de físicos criados na relatividade. Teve a sorte de amadurecer num tempo de significativos problemas astrofísicos não resolvidos que aguardavam a relatividade para ser destrinçados, e teve o brilho e o talento necessários para fazer bom uso dessa sorte.

Estudante de escol e fiel colaborador, Kip também era um jovem do pós-guerra e reformado pacifista. Quando o descrevi simplesmente como um pacifista, Kip corrigiu-me imediatamente. "Longe disso", ele disse. "Tendo vivido os horrores da Segunda Guerra Mundial e suas consequências e sabendo dos expurgos de Stálin, eu estava muito longe de ser um pacifista." Suas posições políticas não se alinhavam com as de seu orientador. Kip via a paranoia e a ignorância como os fatores que impulsionavam a corrida armamentista da Guerra Fria. Mas o envolvimento controverso de Wheeler na escalada do programa de armas termonucleares era parte inegável do contexto intelectual que o envolvia. A bomba de fusão de hidrogênio poderia ser ilimitadamente poderosa, uma arma de genocídio. O mundo que lhe vinha à mente quando pensava nessa superbomba era "obsceno". Seus próprios interesses eram puros em seus intentos: pura astrofísica, puro conhecimento, que não pertencia a ninguém porque pertencia a todos, cidadãos da mesma Terra. A superbomba era um ultraje moral, mas a física nuclear a ela subjacente não tinha um caráter moral intrínseco. Movido por um interesse benigno em física nuclear, Kip fazia perguntas técnicas a que seus amigos que dispunham de acesso a informações de segurança não queriam responder. A mente dele estava voltada para processos nucleares que levavam à evolução de estrelas, não a bombas, mas, como Wheeler tinha aventado, a física era a mesma para ambas as coisas.

Kip pôs de lado suas diferenças políticas e admirou e amou seu orientador, por todos os motivos pelos quais Wheeler era comumente amado e admirado. O brilho e a generosidade intelectual de Wheeler o atraíam, mas não sua política. O elemento mágico que Wheeler dominava revela-se nessa citação de sua (assistida) autobiografia: "Agora, aos oitenta anos, continuo pesquisando. Mas sei que a busca da ciência transcende a busca do entendimento. É impelida por um impulso criativo, o impulso de construir uma visão, um mapa, uma imagem que dê ao mundo um pouco mais de beleza e coerência do que tinha antes".

As singularidades da matemática abstrata tornaram-se um terreno astrofísico real e conquistável para Kip e sua geração. Buracos negros eram mortos e escuros, e, com certa ironia, podiam fazer com que espaço e tempo em volta deles lançassem raios dos mais brilhantes através do universo, embora toda evidência relativa ainda estivesse sendo efetivamente discutida nas décadas de 1960 e 1970. Kip pôde se aprofundar nos detalhes teóricos sobre buracos negros pulsantes, acreção de estrelas canibalizadas e emanação de ondas gravitacionais. Essa incursão no real estimulou também experimentos para a concepção de civilizações avançadas limitadas somente pelas leis da física, e não pela tecnologia, enquanto ele teorizava sobre buracos de minhoca e viagens no tempo. Suas demonstrações matemáticas vazariam das publicações científicas para a cultura em geral, um nível de fantasia científica validado pelos cálculos. Suas contribuições à astrofísica relativística são fundamentais. Era a Idade de Ouro, como o próprio Kip cunhou. Em 1970, com trinta anos, ele era professor titular na Caltech, famoso e respeitado no mundo inteiro por suas detalhadas, ponderadas e originais conquistas teóricas.

A geração de seu orientador havia sido convocada para esse propósito tão vital. Vidas tinham sido perdidas e salvas. Uma guerra mundial estava terminada. As incursões científicas por terreno mais abstrato tinham mostrado seu brilho auspicioso. Kip pode ter sentido que havia ali um chamado, uma obrigação para com uma causa mais merecedora de sua dedicação do que a de sua própria ascensão profissional. Ele poderia ter sido promotor, missionário, paladino — ficando apenas no lado ateísta do termo "evangelista" — de um novo caminho para comungar com o universo. Poderia ajudar a trazer à Terra um recurso natural para partilhar com sua comunidade e inspirar um movimento que no total excederia quaisquer outras contribuições individuais, inclusive as que ele mesmo já tinha feito. Enquanto astrônomos recolhiam vorazmente a luz do céu em telescópios, Kip viu uma oportunidade de contemplar o universo não por meio de imagens a partir de ondas de luz, mas de sons de ondas gravitacionais. Referindo-se a um super-referido livro de Pynchon,* Kip viu uma oportunidade para contemplar o universo por meio da música da gravidade.

Eu descreveria Kip como cuidadoso, mas não cauteloso. Seus cálculos são feitos deliberadamente, sem pressa, às vezes com lentidão total. A meticulosidade não se traduz, no entanto, em hesitação. Seu trabalho também tem o tom de uma especulação confiante, de risco e de ousadia. De todas as possibilidades que considerou, Kip deve ter concluído que as ondas gravitacionais

* *O arco-íris da gravidade*, de 1973. (N. T.)

eram as mais incitantes, mas também deve ter suposto que seriam as mais contenciosas e relutantes. Ondas gravitacionais são difíceis de entender e têm inúmeras ambiguidades. Basta uma mudança de perspectiva e o relativismo entre espaço e tempo pode embaralhá-las e fazê-las sumir. Elas são reais? Ou só um produto de um mapeamento errado do espaço e do tempo?

O próprio Einstein não tinha certeza de que ondas gravitacionais fossem reais. Em 1916, ele achava que não. No mesmo ano, pensou que sim. Ainda em 1916 tornou a pensar que sim, embora tivesse vacilado. Numa palestra que proferiu durante sua pesquisa, ele disse: "Caso me perguntem se existem ou não ondas gravitacionais, devo responder que não sei. Mas é um problema dos mais interessantes".

Na década de 1970, nem todo sinal de ceticismo tinha sido extinto, embora um quadro teórico sólido tivesse surgido daqueles anos de mudanças. Talvez nem todos estivessem convencidos de que ondas gravitacionais eram reais, mas Kip estava. Chegou a ponto de dizer que, quando começou seu ph.D. com John Wheeler, em 1962, para ele era óbvio que as ondas gravitacionais tinham de existir, embora os debates quanto a detalhes tivessem continuado por mais vinte anos. Em 1972, numa revisão anual com um doutorando, o bem-sucedido Bill Press, Kip estabeleceu o conceito do campo que guiaria as próximas décadas de sua carreira, reflexo de suas caminhadas nas altas horas da noite e da percepção de que a Caltech deveria se interessar por ele.

Conceitualmente, as ondas gravitacionais são necessárias por respeito ao limite de velocidade. Quando um buraco negro orbita em torno de outro, as curvas no formato do espaço-tempo devem se arrastar junto com eles, mas o formato do espaço-tempo não pode se ajustar instantaneamente, pois isso requereria uma propagação da informação mais rápida do que a velocidade da luz, a propagação de informação quanto à movimentação dos buracos. À medida que os buracos negros se movimentam, as curvas mudam e se ajustam, e essas mudanças lançam ondas para fora, progressivamente e à velocidade da luz, levando energia para longe dos violentos movimentos astrofísicos.

Isso encerra promissoras recompensas astronômicas. Uma "nova janela para o universo", como disse Kip inúmeras vezes, nos será trazida por esses "novos mensageiros cósmicos". Mas eram escassos os detalhes sobre os eventos astrofísicos e a energia que eles poderiam aportar às ondas gravitacionais. A gravidade é a mais fraca das forças conhecidas. A atração gravitacional entre dois elétrons é um trilionésimo de trilionésimo de trilionésimo da interação eletromagnética. A força de atração gravitacional de toda a Terra encontra fácil resistência num simples músculo humano — somos capazes de pular. Apenas o mais agressivo dinamismo das mais densas concentrações de massa e energia concebíveis poderia enviar ondas gravitacionais ruidosas o bastante para fazer soar os mais sensíveis instrumentos.

A dificuldade do empreendimento tinha como contraponto a prosperidade da época. A Idade de Ouro da relatividade estimulou o sonho acordado de uma plenitude cósmica nunca antes vista. Talvez o universo sônico fosse tão copioso quanto o universo visível. Galileu tinha apontado seu telescópio para nosso quintal astronômico, o Sol e os planetas. Viu cordilheiras de montanhas na Lua e concluiu que o corpo celestial não era uma esfera platônica divina. Viu luas orbitando Júpiter e anéis em torno de Saturno, e finalmente nos tirou do centro do mundo. Nos séculos seguintes, uma proliferação de habitantes astronômicos entrou em foco em nosso próprio sistema solar e além da Via Láctea. Talvez os ifos fossem agraciados com tanta abundância. Grave os sons do espaço e possivelmente todas as formas de fenômenos não visíveis vão chilrear de volta para nós, o que nos leva novamente às motivações daquele dia em que Kip conheceu Rai.

Em 1975, Rai e Kip foram a uma reunião do comitê da Nasa na capital. Kip pretendia reunir informações para sua iminente proposta de um programa de pesquisa de gravidade experimental na Caltech. Rai conta: "Fui pegar Kip no aeroporto de Washington. Nunca o tinha visto antes. Pensei: 'E essa, agora?'. Ele tinha cabelos longos e oleosos. Usava gravata. Munhequeiras. Um doido completo. Algo que eu nunca tinha visto antes. Para mim, uma figura muito engraçada. Como eu também devia parecer a ele.

"Depois descobrimos que frequentáramos Princeton na mesma época. E adorei Kip. Era maravilhoso, mesmo com aquela aparência completamente biruta."

Rai descreve aquele encontro tão pleno de consequências: "E então o que houve foi que passamos a noite inteira em claro, literalmente. Na época Kip estava pensando: 'O que a Caltech poderia fazer experimentalmente no campo da gravitação?'".

Kip lembra-se de ter passado várias noites acordado falando com Rai. "Houve uma porção delas. Começando na década de 1970. Depois na de 1980. E também na de 1990." Ele ri disso e provavelmente de algumas anedotas específicas. "Mas quais foram as noites que passamos acordados não tenho certeza. Minha memória é fraca."

"Porque você passa noites inteiras sem dormir", eu sugiro.

Nossas conversas espicaçam sua memória, e ele chega a consultar documentos que tinha arquivado (sendo muito preciso e cuidadoso). Isso esclarece um pouco aquela noite. Já então ele havia antecipado que a pesquisa de ondas gravitacionais seria um componente principal de sua proposta à Caltech, mas a conversa com Rai deve tê-la tornado a peça central do programa que tinha concebido.

Rai lembra: "Fizemos um esquema gigantesco numa folha de papel, com todas as diferentes áreas no estudo da gravidade. Onde haveria ali um futuro? Ou qual seria esse futuro, o que deveríamos fazer? Eu não estava tentando vender a ideia, mas Kip chegou a ela por si mesmo. Decidiu que a partir de tudo aquilo a detecção por interferômetro de ondas gravitacionais deveria ser feita na Caltech. Parecia algo muito promissor. Houve então uma grande discussão. Ele patinava em torno da convicção de que não conseguiria fazer aquilo sozinho. Quem deveria chamar?".

Rai continua: "Kip já tinha em mente o que queria fazer. Queria contratar Vladimir Braginsky, uma pessoa muito boa, aliás. Um russo bem próximo dele. Kip tinha passado um tempo em Moscou, não sei se você sabe disso".

Kip corrige um pouco essa versão, falando do processo adotado, com comitês formais de busca, o envolvimento de reitores e presidentes de academias e de cátedras e faculdades. Não importa como foi, uma lista respeitável de líderes potenciais para um programa experimental teria incluído o nome de Vladimir Braginsky.

Há organismos que sobrevivem apesar de, ou mesmo graças a, condições extremas, pressões e temperaturas ultrajantes, coisas que metabolizam quase que só hidrogênio elementar de respiradouros no fundo do mar, o que parece impossível. Os cientistas soviéticos daquela época não eram tão extremófilos, embora o sufixo implique um apreço pelas circunstâncias (análogas). Mas eles progrediam sob pressões impossíveis e condições áridas, metabolizando o equivalente intelectual dos mais básicos elementos. Os assediados e lendários centros de astrofísica na União Soviética granjeavam admiradores do Ocidente, inclusive Kip. Ele não ficava particularmente intimidado pelo interesse da KGB em suas viagens a Moscou. Se a vigilância sobre Braginsky era pesada, ele não demonstrava isso, continuando a agir dentro das medidas adequadas com aparente paciência, a humilhação totalmente compensada pelo valor de sua colaboração e pelo prazer de sua amizade. Nas poucas ocasiões em que viajaram para fora do entorno de Moscou, exigiram de Braginsky que enviasse o itinerário de Kip às autoridades, para que os soldados pudessem verificar seu roteiro em pontos de checagem estabelecidos ao longo do percurso. Braginsky admitiu privadamente a Kip que toda vez que ele o visitava tinha de fazer um relatório à KGB. Assim como Kip estava sob vigilância em suas viagens à União Soviética, Braginsky era vigiado em suas viagens aos Estados Unidos. Às vezes os cientistas soviéticos viajavam em grupo com um agente da KGB plantado entre eles. Kip informa, incrédulo: "O cara da KGB era aquele que não sabia nada".

Eles eram observados por funcionários de ambos os lados. Kip tem toda a certeza de que os telefones eram grampeados por autoridades americanas no final dos anos 1960 e início dos 1970. O sr. Bevins, do FBI de Los Angeles, bateu à porta de Kip uma quarta e uma quinta vez em busca de informações mais detalhadas sobre Vladimir Braginsky. Cansado de tão absurdo controle, Kip abriu a porta de sua sala e disse: "Ele está aqui. Pergunte você mesmo", então apresentou o emudecido agente à pessoa da qual estava encarregado, com toda a educação. Após uma consistente pausa chocada, o sr. Bevins suspendeu a barra da calça para apresentar uma evidência: "Vejam, sou de carne e osso como vocês", como se só então tivesse percebido isso.

Braginsky já tinha convencido Kip de que a detecção de ondas gravitacionais seria um sucesso, e Kip quis se envolver com esse projeto mais do que apenas como assistente dos russos. Rai explicou: "Bem, havia problemas. Kip sabia na época que seria muito difícil Braginsky deixar a Rússia. A Guerra Fria continuava. Não sei como Braginsky conseguia viajar. Mas ele conseguia, o que me fazia pensar que tinha conexões com a KGB. Mas nunca viajava com a mulher ou os filhos. Os russos os mantinham como reféns. Veja, estou apenas supondo isso. Mas é muito plausível".

Kip garante que Braginsky não tinha conexões com a KGB, embora fosse membro do Partido Comunista, "conquanto nem sempre em posição muito boa". As permissões para viajar concedidas a Braginsky podiam ser graças ao orgulho soviético. Numa época de poses e retóricas, as autoridades se beneficiavam do respeito por Braginsky no Ocidente. Permitiriam que viajasse enquanto exibisse a superioridade da ciência soviética. Kip sugere: "Contudo, presumivelmente só para ter certeza de que ele sabia quem é que mandava, de tempos em tempos seu visto de saída era negado, e pelo menos em uma ocasião ele foi visto sendo retirado do aeroporto quando estava prestes a embarcar".

Braginsky seria o candidato mais natural a colaborador científico a ser levado por Kip à Caltech, e considerou essa possibilidade, tentando imaginar um mundo no qual pudesse se mover livremente para uma Califórnia liberal, ensolarada e despreocupada. As repercussões sobre os que deixaria para trás eram terríveis demais de imaginar. Então ele ficou na Rússia, mas mesmo daquela distância sua influência técnica extrapolou as fronteiras do país. Sua pesquisa continua a causar impacto nos detectores avançados.

Rai observa que, alguns meses após seu encontro em 1975, "Kip perguntou-me se eu estava interessado. Eu disse: 'Deixe-me logo prevenir você de que tenho um histórico acadêmico terrível. Eu não publico e não participo de nenhum comitê'.

"Deixe que eu lhe conte uma bela história. Kip insistiu e pediu que eu me candidatasse. Então eu lhe enviei meu currículo e ele me mandou de volta um bilhete dizendo: 'Devem estar faltando páginas, não?'. Eu pensei que era o fim, nem devia ter tentado."

Kip protesta: "Não houve nada de mais em nossos debates sobre Rai na Caltech. Eu não tinha dúvida alguma de que sua indicação a professor passaria pela faculdade e pela administração". (Quando o documento foi compilado, em dezembro de 1977, Rainer Weiss era o segundo numa lista curta.)

* * *

Mas, voltando a 1975, na noite em que se encontraram em Washington, Rai sugeriu outro nome que tornaria a aparecer no processo de busca da Caltech. "Uma pessoa que eu não conhecia, com quem nunca tinha me encontrado, mas que eu começava a perceber que era muito inteligente, era Ron Drever. Então sugeri seu nome."

4. Choque cultural

Frugalidade foi uma noção inscrita desde cedo no pensamento de Ron Drever. Ronald P. Drever nasceu numa modesta aldeia escocesa, em uma família pobre mesmo considerando os baixos padrões econômicos da época, embora seu pai, George Douglas Drever, tivesse ascendido e se tornado médico (no entanto, não um médico rico, ao que parece). A mãe de Ron, Mary (Molly) Francis Mathews, era oriunda de uma região remota da Inglaterra, em Northumberland, perto da fronteira escocesa. Ela passou a infância em uma "fazenda grande, velha e esparramada", vivendo de uma herança grande o bastante para que ninguém tivesse de trabalhar. Juntos, os pais de Ron sobreviviam, embora não muito bem, ele admite. Durante a maior parte de sua vida a parcimônia foi obrigatória, e não de todo desprovida de prazer.

A primeira casa que compraram juntos, "Southcroft", ficava na Main Road — creio que era o nome da rua —, em Bishopton, Renfrewshire, Escócia. A aldeia tinha uma população de cerca de setecentas pessoas, como me diz o irmão mais novo de Ron, chamado Ian, que acredita ter a casa custado duzentas libras, toda a riqueza de seus pais, oriunda do dote da mãe. Em Southcroft, a mãe de Ron praticava com avidez a jardinagem, mas não tinha tanto talento com os cavalos ou as vacas leiteiras. Seu pai pendurou uma placa na frente da casa anunciando "Doutor Drever". A casa tornou-se o centro agitado da vida de um médico rural, acomodando as instalações necessárias à prática médica, com um consultório e um dispensário, já que os médicos rurais faziam as vezes de farmacêuticos. Ocasionalmente os pacientes deparavam com Ron, ou seu irmão, ou ambos, tomando banho no único banheiro da casa. A família não possuía automóvel. A mãe não dirigia. Sempre andava de bicicleta, malgrado o clima escocês, assim como o pai, indo a suas esperadas visitas médicas por caminhos rudes e inóspitos.

Havia muitos pacientes, mas não muito dinheiro. A comunidade padecia completamente de um desemprego endêmico, de uma economia local fracassada, da depressão e da ansiedade daquela época. Embora o sofrimento possa ter estimulado um baixo nível de saúde e a necessidade constante de um clínico geral, não havia finanças suficientes para pagar o bom médico. Ele raramente cobrava dos pacientes, cujos pedidos de consulta eram feitos pessoalmente ou, às vezes, por carta. Depois, até por telefone. A srta. Woodrow trabalhava no posto telefônico perto dos correios, ao lado da estação ferroviária, dando conta do paradeiro dos aldeões e conectando os doentes com o dr. Drever, em "Bishopton 57". O antigo médico local — "Velho Floozer", era como os meninos Drever o chamavam — tinha passado sua prática ao dr. Drever, intencional ou organicamente, mas de qualquer maneira gradualmente. O dr. Drever assumiu todos os cargos oficiais de Bishopton: médico do Tesouro local, cirurgião da polícia, examinador da companhia de seguros, médico de fábrica, médico dos correios.

Ron nasceu em 26 de outubro de 1931, num difícil parto caseiro assistido por uma parteira da cidade de Paisley e outro médico de uma localidade próxima, ambos convocados com urgência quando a situação se agravou. Como anestesia, seu pai tinha administrado à esposa clorofórmio com um pano. Ron foi trazido a este mundo por meio da aplicação do temido e hoje medicamente obsoleto fórceps. O irmão dele, Ian, se pergunta se a condição de criança difícil de Ron não foi causada pelo fórceps. (O instrumento, médica e simbolicamente, se manteve na maleta de parto que seu pai continuou a usar em sua prática.) Ron era rabugento, até mesmo obsessivo, em sua exigência de ordem e limpeza. Ian emprega uma velha palavra escocesa para esse apuro exagerado: *pernicketie*. Mas ele também era adorado pela família. Ron requeria atenção e a recebia, além de carinho e afeição.

A mãe dele culpava uma babá, Willah, por essa disposição *pernicketie*. O irmão, não. Achava Willah muito divertida. "O problema não era mamãe, ou papai, ou Willah, ou quem quer que fosse, mas havia algo diferente na personalidade de Ronald, como um dom", ele diz. Só depois de sair de casa e se tornar ele mesmo um médico foi que Ian examinou o turbilhão em torno de seu irmão mais velho. "Eu não tinha consciência das ansiedades que Ronald provocava até ir eu mesmo para a escola e me dar conta de que o mundo, o nosso mundo, girava em volta dele."

Ian lembra detalhes incidentais, íntimos, que colorem sua infância. "Por sorte, um amigo de infância e de longo tempo emprestou a papai um carro Morris Bullnose. Foi um grande sucesso; o único problema era que não tinha portas, o que significava que tínhamos de passar uma perna sobre a lateral e depois subir. Mamãe achava isso um despropósito, já que em geral estava vestida com elegância, para fazer alguma visita... Não me lembro do Morris Bullnose, mas ouvi tantas histórias sobre ele, como a de uma roda correndo solta atrás deles depois de uma curva além de

Dumbarton e todos rindo de algum pobre motorista que havia perdido uma roda, quando o próprio carro deu uma guinada terrível e tombou; viagens planejadas para onde quer que o sol estivesse brilhando, independentemente da distância ou da dificuldade de acesso, piqueniques no Parque Nacional Trossachs, estradas agrestes e estreitas, visitas a áreas ao longo da Clyde Coast com maravilhosos tios, tias, amigos."

O tio de Ron, John Richan Drever, conhecido como Rec ("um homem solteiro", diz Ron), era um artista, mas ante a falta de demanda de belas-artes na Escócia pós-Primeira Guerra Mundial, partiu para a construção naval como substituto. (Ian diz que a família Richan se uniu à Drever quando ambas se dedicavam à agricultura nas ilhas Órcades. Quando os vikings invadiram, apelidaram os habitantes locais com nomes depreciativos. De acordo com ele, "Richan" significa "ralé" e "Drever", "lixo".) Rec ("um apoio maciço, alegre", diz Ian) morou por um tempo com a família enquanto escrevia para jornais e se matriculava em cursos de arte comercial por correspondência. Ron adquiriu todas as suas capacitações práticas com o tio, investigando motores e máquinas, encontrando ferramentas inusitadas e aprimorando um cuidado de artista na arte da escultura.

Ron consertava relógios e rádios para os pacientes do pai, muitos dos quais lhe ofereciam fragmentos ou peças de metal para ele brincar, em lugar de brinquedos. Na escola, tinha dificuldades com as letras, mas saía-se brilhantemente nas ciências. Quando estudava na Academia de Glasgow, sua classe montou um aparelho de televisão de um "refugo excedente". Ron liderou o grupo de estudantes que equipou o aparelhou com som. Mais tarde, fez sua própria televisão na garagem de Southcroft, na qual a família e amigos assistiram à coroação da rainha em 1953, na tela azul de poucas polegadas. Talvez fosse a única televisão na aldeia. "Ron construiu um brinquedinho controlado por rádio...

que foi caçado, farejado por um gato assustado." Ele ainda guarda numa pequena lata, feita para guardar agulhas de gramofones de corda, os minúsculos motores elétricos que construiu.

Durante a Segunda Guerra Mundial, seu pai, ainda afetado pelo serviço que prestara na guerra mundial anterior, estava determinado a manter a família unida, embora a modesta aldeia não tivesse sido poupada do combate. Uma grande fábrica de munições construída num pântano nas proximidades atraiu as bombas alemãs, que caíam na lama sem explodir. Mais tarde, os britânicos recuperaram os dispositivos e os levaram a outro lugar para fazê-los explodir controladamente. Às vezes os garotos Drever recolhiam fragmentos de obuses e cartuchos espalhados pelo jardim, provenientes dos embates que ocorriam nas alturas.

"Eu estava encarregado de Ron. Inconscientemente, fora treinado para ficar de olho nele. Aprendi a estar sempre com meu irmão", explica, sem ressentimento, Ian, três anos mais novo. "Sempre fomos muito próximos. Não se podia ficar zangado com Ronald, ele simplesmente não entenderia." Mais tarde, os irmãos iriam juntos de ônibus para a Universidade de Glasgow, como tinham ido para a Academia de Glasgow. "A preocupação de nossos pais com ele nunca cessou." Depois que Ron se graduou, eles o incentivaram a não aceitar um cargo de pesquisa na Universidade de Cambridge, "inquietos quanto a como administraria sua vida cotidiana". Ele obedeceu. "De qualquer maneira", assegura Ian, "Glasgow era o melhor lugar do mundo, segundo Ronald."

Ron gostava de fazer coisas a partir do zero, com pedaços aleatórios de tubos de borracha, cera de lacre, restos de experimentos anteriores, qualquer coisa disponível no laboratório da universidade ou mesmo em casa — incluindo, num caso notório, algumas substâncias do jardim de sua mãe. Ele gostava de parcimônia, e os magros orçamentos de seus primeiros empreendimentos só aumentavam seu orgulho quando as coisas funcionavam com precisão e eficiência.

Quando estava na Universidade de Glasgow, Ron se agarrou à ideia peculiar de que poderia realizar experimentos nucleares usando o campo magnético da Terra, numa espécie de demonstração de ressonância magnética nuclear natural. "Era muito estranho, muito bizarro — muito incomum", ele explica. Tinha enfileirado coisas no bem cuidado jardim de sua mãe usando baterias de carro acumuladas na garagem da família e alguns equipamentos emprestados do laboratório da universidade. Ficou durante vinte e quatro horas nos fundos da casa da família na tranquila zona rural escocesa com uma câmera antiga (antiga até mesmo na época do experimento) e um "telescópio velho", tomando medidas a cada meia hora a respeito de núcleos de lítio numa jarra de solução. Essencialmente, estava testando o princípio de Mach, o qual, de forma resumida, afirma que a matéria no universo lá fora afeta coisas tão fundamentalmente como a massa inerte aqui embaixo. Ele estava interessado numa variante específica do princípio de Mach que sugere que a distribuição de matéria em nossa galáxia — a qual é, grosseiramente, uma espiral num plano, com um centro denso — afetaria a massa inerte dos núcleos de lítio na solução da jarra. Enquanto a Terra completa um giro a cada 24 horas, o jardim de sua mãe giraria em relação ao centro da galáxia, a região mais densa da Via Láctea. Ron dispôs-se a testar se as propriedades nucleares do lítio mudariam — uma indicação de que a massa inerte tinha mudado — em movimentação e orientação relativas ao plano da Via Láctea. Aparentemente não se apresentou tal efeito, o que era uma resposta bastante boa. A montagem do teste fora grosseira e rudimentar, mas para Ron ele era satisfatório.

Ele soube que outro grupo tinha publicado os resultados de um experimento similar envolvendo ímãs de qualidade de laboratório, mas pensou: "Eu posso fazer isso. O material que arranjei não custou nada". Ron não se deixou desencorajar pela vantagem competitiva que um laboratório sofisticado poderia ter. Pelo contrário. Ele não precisava de um ímã dispendioso. Tinha a Terra e seu campo magnético era grátis. No fim, publicou uma descrição de seu experimento: "Ele foi um pouco mais sensível do que o desses outros caras com equipamento mais sofisticado, e o meu, essencialmente, não custou nada — só algumas baterias de carro e alguns fios. Foi divertido".

O experimento Hughes-Drever, que leva o nome de Ron e do "outro cara" (Vernon Hughes, de Yale), é considerado hoje um teste de precisão para o princípio da equivalência, que sugere que a matéria cairá livremente e sem peso dentro de um campo gravitacional. (Admito que essa não é a formulação mais convencional para o princípio da equivalência, mas ela captura seu aspecto relevante neste contexto.)

Com base nesse experimento peculiar mas engenhoso, foi oferecida a Ron uma bolsa em Harvard, onde ele e seu orientador R.V. Pound realizaram alguns experimentos avançados que não vou abordar aqui. Quanto a seu período de transição em Harvard, ele disse: "Eu levara uma espécie de existência provinciana: não viajava; não tinha dinheiro sobrando. Não saía de lá nos feriados, por causa do trabalho. Era quase a primeira vez que saía da zona rural. Então, foi um ano muito bom. Achei aquele lugar impressionante, muito diferente do que eu esperava".

Após sua profícua bolsa em Harvard, Ron retornou a Glasgow com mais experiência, algum apoio em forma de subvenção e um modesto grupo de pesquisadores. Ele costumava ficar fuxicando no laboratório, rearranjando instrumentos, frequentemente sozinho e no início um tanto entediado, em busca de ideias, de algo excitante. Suas observações estavam em sincronia com as fases escuras da Lua quando varava o pesado crepúsculo até o amanhecer, no campo, receptivo aos mais pálidos clarões astronômicos. A Lua redirecionando a luz do Sol para longe da Terra, as mensagens menos luminosas forçando alguma visibilidade. Ron colaborava com pesquisadores que tinham o mesmo objetivo, e assim seus interesses se ampliavam. Todas as observações obtinham resultados negativos — eles não enxergavam muita coisa —, mas nem por isso lhe interessavam menos. Ron estava pesquisando o céu antes de ir mais fundo. Seu interesse passou da luz para o ruído. Ondas gravitacionais reverberavam pela consciência comunitária, fomentando o interesse das pessoas. Quanto mais Ron ouvia colegas por todo o Reino Unido — Hawking, Sciama, Jelley e Aitken —, mais suspeitava que as ondas eram reais e detectáveis. Gradativamente, ideias iam sendo trocadas, simples implementos eram concebidos, experimentos radicais acessíveis eram modelados, e um passo seguia-se a outro passo até ganhar uma direção e elevar o entusiasmo.

Ron ficava orgulhoso de cortar pedaços de borracha do capacho no chão do laboratório e estruturá-los com restos de blocos de chumbo para construir componentes simples que funcionavam bem. Ele era capaz de construir algo preciso e poderoso com nada além de suas mãos, cortadores de vidro e com vidraças, pedaços de papel, elásticos, parafusos extraviados. Ron conta isso com muito prazer e enlevo. Não tinha nada, mas conseguia transformar em algo admirável.

Quando Kip o chamou para a Caltech, em 1978, Ron já tinha projetado seu próprio ifo na Escócia, para o qual a ambição e a austeridade eram igualmente influentes. Ele queria construir o instrumento com uma ninharia, mas também queria que fosse tão grande quanto possível. A Universidade de Glasgow tinha descartado um síncroton, um tipo de acelerador de partículas, e Ron conseguiu reconfigurar esse espaço abandonado num ifo com um tamanho mais de duas vezes maior que o de qualquer outro no mundo, mas só um quarto mais longo do que o prometido pela Caltech.

Segundo Ron, Kip o instou a considerar quão tentador seria um apoio financeiro mais substancial para a pesquisa básica nos Estados Unidos em geral e a Caltech especificamente. A Caltech era excitante, mas Ron defendeu a reputação científica de Glasgow. Subestimada, segundo ele. Em Glasgow podia fazer o que quisesse com quase nenhuma restrição e pouco dinheiro. E o projeto escocês parecia competitivo. Mas nada poderia se equiparar à Caltech.

Ele estava indeciso e buscou o conselho dos aliados em Glasgow, seus apoiadores de toda a vida. ("Tenho os mais elevados sentimentos em relação a eles", disse.) Essas pessoas o incentivaram a aproveitar a oportunidade. Ainda incapaz de tomar uma decisão, Ron se agarrou a um período experimental de cinco anos, durante o qual dividiria seu tempo entre Glasgow e a Caltech. Sem demonstrar tensão, ele disse: "Não me dei conta na época de que as coisas nos Estados Unidos eram muito diferentes do que eram no Reino Unido, e de maneiras que não me eram tão óbvias. Essas pessoas pensam e agem de modo diferente... Não percebi isso...".

Só ouvi os pronunciamentos de Ron Drever em gravações. Geralmente ele soa mais solto do que eu esperava, levemente otimista, reservando palavras gentis para aqueles que fizeram história. Se percebo alguma dificuldade quanto a seu temperamento, está apenas em sua sutil resistência a concordar, até mesmo com declarações simples. Quando a Caltech o contratou, em 1979, ele era conhecido por suas ideias sensatas e seu cândido talento na experimentação. Era inventivo e dedicado na mesma medida que muito difícil, como logo se tornou aparente. Rai Weiss tem muito bom senso, segundo Kip, e em retrospecto Kip admitiu para mim que gostaria de ter valorizado mais esse traço de caráter desde os primeiros dias.

Ron cultivava a aura de um Mozart científico — a analogia é de Rai —, um espírito infantil ligado a uma mente maravilhosa da qual pareciam prestes a emanar composições incríveis. Todos em volta dele eram obrigados a desempenhar o papel de Salieri, injustamente catalogado como um técnico rastejando à sombra do gênio de Mozart. Cientistas talentosos sentiam estar sendo mal aproveitados por Ron, em funções de menor importância. O laboratório era seu Exploratorium* privado. Antes de chegar a um acordo com a Caltech, Ron insistiu que só iria para lá se fosse encarregado do projeto e pudesse desenvolvê-lo do jeito que quisesse. "Achei que isso estava bem entendido." Ele conduziu esse Exploratorium de modo não convencional, num miasma de suas próprias ideias, conjuradas mais em imagens do que em equações. Essa capacidade de intuir sem recorrer à lógica emprestou sem dúvida uma aura mágica adicional à sua reputação de gênio, a ponto de os outros se sentirem um tanto prosaicos em seu hábito de, a partir de uma suposição, efetivamente fazer cálculos ao longo do caminho para uma conclusão. Porém, associada a essa disposição de Ron, havia também uma incapacidade.

Segundo todos os relatos, ele dava para sua equipe um dilúvio de ideias a cada novo dia. Ideias não faltavam. Mas decisões eram escassas. No dia seguinte, a alegria de uma pesquisa sem limites começaria novamente e ele daria outro dilúvio de ideias para sua aturdida equipe. Progresso era algo tão aleatório quanto o voo de um fiapo que paira no ar quente. Enquanto Ron estava em sua Escócia nativa, lá atrás na Caltech porcas e parafusos eram apertados, só para ser furiosamente afrouxados quando voltasse. Enquanto isso, em sua ausência, seu pessoal na Escócia avançava em seus próprios experimentos, sabendo muito bem que Ron logo reapareceria e reverteria toda aquela movimentação.

* Museu interativo de ciência e de arte em San Francisco. (N. T.)

* * *

Com a ideia de manter alguma continuidade enquanto Ron estava na Escócia, em meses alternados, Stanley Whitcomb foi contratado como membro júnior em 1980, para supervisionar o projeto e a construção do laboratório da Caltech num espaço que incluía a oficina mecânica, fechando janelas e acabando com a luz do sol numa fileira de compartimentos. Stan também contribuiu com seu conhecimento especializado e intuição de perito à medida que o caráter delicado dos ifos ia surgindo. ("Stan é uma rocha. É um sujeito fantástico. Muito esperto", diz Rai.) Ron caía lá de paraquedas com suas ideias em borbotão, porém, no cotidiano, Stan liderava a equipe que construía o sistema, criava o vácuo e instalava o laser e os espelhos em estado bruto para um protótipo operacional da Caltech, em 1983. Inicialmente, a instalação de pesquisa e desenvolvimento foi projetada para demonstrar a efetividade do trabalho de Drever, testar a estabilidade do laser e demonstrar a sensibilidade do sistema. Ron se perguntava se já poderiam esperar até mesmo uma capacidade de detecção, conquanto Stan alegasse então que o empreendimento era agnóstico. O otimismo desenfreado dele pode ter sido uma versão inflada do otimismo generalizado do início da década de 1980 de que haveria fontes abundantes e o céu estaria cheio de ruídos. Se elas foram abundantes, não foram ruidosas. (Kip garante que os relatos de "otimismo generalizado", ao menos entre os teóricos, são muito exagerados. Ele cita seu artigo em um exemplar de 1980 da *Reviews of Modern Physics* no qual diz que as leis da física não descartavam as fontes de ruídos, mas também que o entendimento astrofísico da época concebeu as ondas gravitacionais como muito mais silenciosas, o que não está muito distante da atual meta do LIGO — a de um sinal característico menor do que um bilionésimo de um trilionésimo do comprimento de um braço do ifo.)

Ron projetou os instrumentos no voo de onze horas entre Glasgow e a Califórnia. Enchendo cadernos com desenhos detalhados, inventou truques práticos que foram implementados por Stan Whitcomb na Caltech, ou pela contrapartida escocesa dele, Jim Hough, em Glasgow. Enquanto Ron estava ausente, Stan faria as coisas avançarem na Caltech e Jim faria as coisas avançarem na Escócia. Ele admitiu que isso deve ter sido um pouco difícil para os dois grupos.

Os instrumentos apresentavam mais ruído do que o esperado, e isso levou a diversas soluções engenhosas, que foram do isolamento sísmico à estabilização do laser e à limpeza da luz, reciclando e aumentando a potência. Idealmente, um instrumento devia ser mais avançado do que outro para que pudessem aproveitar melhor a oportunidade de pesquisa e desenvolvimento, corrigindo deficiências da geração anterior e escalonando os esforços entre países. Mas, em vez disso, os instrumentos eram quase idênticos, com Glasgow implementando fases com um avanço marginal em relação à Caltech.

Após cinco anos, a Caltech e a NFS quiseram ter segurança na forma de algum compromisso por parte de Ron. A Caltech pressionou Drever a fazer uma escolha. Ficar ou voltar para Glasgow. Ron acreditava que o arranjo em curso era bem satisfatório, talvez por não estar ciente do descontentamento que havia, feliz com a quietude durante os longos voos, grato pela oportunidade de chegar com um novo esboço de projeto para os projetistas na Caltech.

Ele teria de escolher entre o que a Caltech tinha de promissor e o conforto de Glasgow. Na Escócia, o ambiente era bom, tratava-se de uma cultura que ele compreendia melhor, que sentia ser mais aberta e cooperativa. Ron acreditava que os cientistas e até mesmo os estudantes na Caltech não eram incentivados à colaboração, não tinham vontade de trabalhar juntos e eram mais competitivos.

"Mais tarde dei-me conta de que isso era um fenômeno geral: as pessoas não queriam trabalhar juntas — todos queriam ser independentes. Era uma diferença importante, que levei um longo tempo para compreender, e esse foi um dos problemas que surgiram mais tarde, acho." Quando Shirley Cohen entrevistou Ron Drever para o Projeto de História Oral, em 1997, ela o desafiou: "Por outro lado, você chegou e não quis dividir o cargo com ninguém". Ron replicou: "Não, não quis", e Shirley Cohen pressionou: "Então, de algum modo você consegue entender que as pessoas queiram ser independentes". Ron disse suavemente: "Ah, é. Acho que sim", embora eu não tenha ficado com a impressão de que ele achava. O problema, como Ron o via, era uma falha na cultura americana, e como evidência disso ele apontava para suas alianças bem-sucedidas e amigáveis em casa. (De acordo com elas, em Glasgow, as colaborações não eram tão ideais como Ron relembra. Seu comportamento é descrito como carregado, competitivo e até mesmo supressivo.)

Depois, no entanto, Ron deu-se conta de que o projeto tinha de crescer. Ele havia imaginado algo gradual, com máquinas intermediárias, mas ainda maiores, e a Caltech parecia ser mais capaz de ter êxito nesse aprimoramento do que Glasgow. Finalmente a decisão foi tomada. Em 1983, ele aceitou uma posição em tempo integral na Califórnia, talvez com remorso por ter abandonado sua equipe no Reino Unido.

Kip tinha finalmente assegurado o projeto na Caltech. As apostas eram altas. Física fundamental desconhecida. Cosmologia e astrofísica não mapeadas. A reconhecida magnitude dessa conquista não teria passado despercebida a Ron. A busca das ondas gravitacionais, um tema um tanto obscuro e fora da corrente principal da astrofísica, tinha se tornado uma nova e importante iniciativa — o maior empreendimento isolado jamais feito na Caltech na época.

Ron tocou em frente seu projeto do protótipo. Houve tensões entre ele e Rai, mas o segundo estava de volta no MIT com seu próprio e modesto protótipo, que o primeiro descartara — "injustamente", diz Rai — por contar com tecnologia inferior, menos recursos financeiros e outras forças de arraste que não se preocupou em identificar. O grupo alemão ainda era relevante. Segundo Rai, o protótipo dele tinha que ser reconhecido como o melhor. O grupo de Ron em Glasgow continuaria sem ele, apontando como uma concorrência em potencial. Embora tivesse perdido um talento incomum com a partida de Ron Drever, também ganhara acesso ilimitado a seu laboratório, finalmente apto a dar continuidade às coisas. Mas Ron tinha a Caltech, Kip e o maior ifo do mundo, o qual, ao ser compilado, deixaria para trás qualquer rival. Ninguém no mundo poderia equiparar-se a suas ideias, disso ele tinha razoável certeza. Acrescentem-se a essa vantagem natural sua alavancagem a uma nova posição e seu novo laboratório, e o futuro mostrava-se promissor. A máquina era dele. As ideias seriam dele. As decisões seriam dele. Os direitos da futura astronomia de ondas gravitacionais seriam dele também.

Ron não soube incluir a influência da psicologia humana em seus planos. Era inevitável que haveria obstáculos. A atitude que reinava era a de flexibilizar e catapultar engenhosamente os obstáculos tecnológicos. Também era inevitável que fossem estorvados pelo passado.

Uma história controversa acabaria afetando sutilmente o projeto, talvez mais do que seus principais agentes tinham antecipado. Antes de haver um Rai, um Kip ou um Ron, houve um solitário e contencioso pioneiro, Joe Weber, que deixou os teóricos discutindo com a cabeça baixa, perigosamente perto dos livros, e decidiu dar uma olhada em volta. Se as ondas gravitacionais eram reais, ele seria o primeiro a encontrá-las. Lançou-se em ação sozinho, como um corajoso explorador, e voltou com histórias de uma visão notável, que alegava ainda não compreender. Muitos iam se equipar para segui-lo, animados pela adrenalina da promessa, embora o aplauso rapidamente se tornasse ignomínia. Controvérsias científicas irromperam e tiraram o foco da breve calidez daquela chamada.

Joe Weber persistiu, erradio, durante mais trinta anos, de forma inexorável e obstinada — o tesouro era valioso demais, a derrota seria pessoalmente catastrófica —, preso a sua determinação e seu inabalável propósito, preso a aspirações ao improvável mas não totalmente impossível, preso à ambição (embora não financeira, apenas de conhecimento, aplausos e respeito), preso a uma expedição desafortunada.

5. Joe Weber

Em 1969, Joe Weber anunciou que tinha realizado um feito experimental tido como impossível. Ele havia detectado evidências de ondas gravitacionais. É de imaginar seu orgulho de ser o primeiro, a gratificação da descoberta, o prazer cru e isento de vergonha da façanha realizada. Praticamente sozinho, com absoluta determinação, Weber concebe da possibilidade um fato. Preenche múltiplos cadernos com anotações, numa extensão de centenas de páginas, com cálculos, projetos e ideias, depois faz do aparato experimental uma coisa real. Constrói uma máquina engenhosa, uma barra de ressonância, uma barra Weber, que vibra em consonância com uma onda gravitacional. Um cilindro sólido de alumínio com cerca de dois metros de comprimento e um de diâmetro, pesando cerca de 1400 quilos, não seria fácil de fazer vibrar. Mas ele tem uma frequência natural na qual uma forte onda gravitacional faz vibrar essa barra como se fosse um diapasão.

Yonah nasceu em Nova Jersey em 1919, numa família de irmãos e pais judeus lituanos imigrantes. Yonah tornou-se "o ianque" que se tornou Joe. Um professor da escola, sem conseguir interpretar o sotaque da mãe, entendeu erradamente "Joseph", e ela considerou parecido o bastante. Joseph Weber poderia ter sido Yonah Geber, mas a família aceitou os passaportes emitidos de forma barata e rápida com o nome Weber.

Joe Weber saiu da Cooper Union* para economizar o dinheiro dos pais, ingressou na Academia Naval e tornou-se um oficial, especialista em radar, navegador e, posteriormente, comandante. Estava no porta-aviões *USS Lexington* quando este afundou durante seu serviço na Marinha na Segunda Guerra Mundial, e depois comandou um caça-submarinos. Ele diz a Kip Thorne numa entrevista gravada em 1982: "Foi a mim que confiaram a tarefa de encontrar a praia certa para desembarcar o general de brigada Theodore Roosevelt Junior e 1800 comandos em julho de 1943. Após a guerra, fui chefe da seção de contramedidas eletrônicas... e assim eu conheci as contramedidas eletrônicas da Marinha inteira". O sotaque de Joe soa como aquele americano cru que eu associo aos homens de sua geração. Sua família o chamava de "ianque" depois que um acidente na infância — foi atingido por um ônibus quando tinha cinco anos — exigiu que fizesse fonoaudiologia, o que substituiu seu sotaque ídiche pelo americano.

Após o serviço militar, foi contratado como professor da Universidade de Maryland com "um dos salários mais altos que dá para imaginar. A principesca quantia de 6500 dólares anuais". Tinha 29 anos. Estranhamente, não tinha um ph.D., conquanto fosse condição de seu emprego que o obtivesse. Por isso, aproximou-se do famoso físico George Gamow para um projeto de ph.D. Gamow perguntou: "O que você é capaz de fazer?". Joe explicou: "Sou um engenheiro de micro-ondas com experiência considerável. O senhor pode sugerir uma tese de ph.D.?". De acor-

* Instituição educacional norte-americana que prepara estudantes para carreiras superiores de arte, arquitetura e engenharia. (N. T.)

do com Joe, Gamow disse: "Não". Apenas isso. A ironia, que ele não teve de explicar a Kip, mas que eu devo explicar aqui, é que Gamow, com Ralph Alpher e Robert Herman, predisse a existência da luz deixada pelo big bang, que atualmente permanece na faixa das micro-ondas — a radiação de fundo de micro-ondas cósmicas —, o brilho que vem da origem do universo. Se Gamow tivesse dito "sim", Joe e ele poderiam ter ganhado o prêmio Nobel por essa detecção observacional. Em vez disso, de maneira acidental e quase irritantemente, Penzias e Wilson, cientistas dos Laboratórios Bell, detectaram a luz de fundo primordial e acabaram recebendo o Nobel. Tem-se dito que Penzias e Wilson, em essência, observaram a coisa mais importante que qualquer um já tenha visto.

Agora, de novo: um jovem e agressivo engenheiro especialista em micro-ondas vai até o aclamado Gamow, que predisse a radiação de micro-ondas deixada pelo big bang, a melhor evidência isolada da origem do universo, e pergunta: "O senhor tem um projeto para um engenheiro de micro-ondas?". Inexplicavelmente, Gamow diz: "Não".

A vida científica de Joe foi definida por essas significativas perdas "por pouco". Depois da inexplicável rejeição de Gamow, ele vai estudar física atômica e começa a pensar no conceito da amplificação de micro-ondas por emissão estimulada de radiação (maser, na sigla em inglês), ou, no emprego mais moderno, a amplificação molecular por emissão estimulada de radiação. Em 1951, faz sua primeira apresentação pública, com todas as suas ideias essenciais. Assim, é creditado, conquanto não tão amplamente quanto alguns alegam que deveria ter sido, com uma descoberta independente do predecessor do laser (sigla em inglês para amplificação da luz por emissão estimulada de radiação). Se sua sorte fosse outra, poderia ter recebido um prêmio Nobel por essa descoberta também. E as patentes. E o dinheiro. Joe quase tinha atingido o cume antes disso. Ele foi Shackleton muitas vezes, ou seja, quase o primeiro: quase o primeiro a ver o big bang, quase o primeiro a patentear o laser, quase o primeiro a detectar as ondas gravitacionais. Famoso por quase chegar lá. Após seu desapontamento com os masers, ele menciona casualmente a Kip na entrevista, sem ironia: "Um dos motivos que me fizeram querer entrar na pesquisa da relatividade era que esse não me parecia ser um campo com alguma controvérsia particular".

Em fotos preto e branco ele inclina-se sobre o cilindro, fios de cabelos escuros misturados com grisalhos, compridos e escovados para trás, camisa branca de mangas curtas, óculos de aros pretos e linhas retas. Ele está fixando cristais de quartzo no meio da barra, que ao ser comprimidos com suas vibrações ressonantes produzem uma voltagem elétrica que envia impulsos aos dispositivos eletrônicos unidos ao meio dela, para gravar os harmônicos da corda ao ser vibrada. Essa geringonça é modesta e não precisa de muita coisa. Weber tinha uma barra na Universidade de Maryland, num laboratório de aparência comum, ocupando um sensato espaço num pequeno aposento, facilmente gerenciado por uma só pessoa. Ele construiu e instalou outras barras a cerca de 1,5 km do campus, numa estrutura que poderia ser comparada com exatidão a uma garagem. Weber colocou depois uma barra no Laboratório Nacional Argonne, perto de Chicago, longe das barras de Maryland, para incutir confiança quando houvesse coincidência de eventos, para descartar da captação perturbações nos arredores, colisões de carros e tempestades. Ele tinha considerado cuidadosamente essas hipóteses. Havia sido engenhoso, tenaz e ousado. Barras são baratas. E funcionam. Soam diariamente, em resposta a sinais múltiplos vindos da galáxia. O universo o recompensa com um céu ruidoso. Ele não se arvora a identificar as fontes. É agnóstico em relação a elas. Deixa isso aos teóricos. Descobrira uma nova fronteira a ser explorada por pesquisadores e teóricos.

Tinha feito uma das descobertas experimentais do século. Isso custou a ele e sua pequena equipe uma década e um investimento de dimensão respeitável, mas menos que os cem anos projetados por céticos para o sucesso de um experimento confiável.

Em 1969, numa conferência tipicamente rotineira sobre relatividade geral, o tipo na qual a própria existência das ondas gravitacionais ainda estava em discussão, Weber faz seu anúncio. Ele havia detectado "evidência de ondas gravitacionais", que era como seu trabalho se intitulava, talvez a partir da colisão de estrelas, ou estrelas de nêutrons, ou pulsares, em algum lugar lá em cima, em torno do centro da galáxia. A reação é de choque; depois, de celebração. Até mesmo de aplauso. Weber é proclamado. Está nas capas de revistas. É famoso.

Kip lembra-se do anúncio e, apesar de surpreso com o fato de Joe ter apresentado resultados tão cedo, pensou em levá-los a sério. Excitados com os relatórios dele, físicos tentavam entender as fontes que eram capazes de fazer soar suas barras com tanta consistência e tão energicamente. Teóricos ficaram também inspirados a contemplar toda forma de novas fontes, não necessariamente para explicar seus dados experimentais quanto para explorar todo o território de possibilidades que o universo pudesse oferecer. Roger Penrose considerou a colisão de ondas gravitacionais. Stephen Hawking jogou buracos negros um sobre o outro. O entusiasmo arrefecia à medida que chegavam os cálculos. Weber estimava que a produção de energia de nossa galáxia, correspondente à destruição de milhares de sóis por ano, era consistente com seus dados. Seu agnosticismo quanto às fontes é apropriado a um pesquisador, que deve permanecer imparcial e sem condicionamentos prévios. Mas, para um teórico, soava como uma implausível copiosidade de energia. Martin Rees, hoje Sir Martin Rees, juntamente com seus colaboradores Dennis Sciama e George Fields, demonstrou que a quantidade de energia que Weber alegava ter observado era simplesmente demais para ter sido produzida por nossa galáxia sem que esta se desintegrasse completamente. Com certeza havia incerteza nos cálculos, e Weber continuou impassível, aceitando as ambiguidades deixadas em aberto para ele.

Joe passou algum tempo com John Wheeler em Princeton, onde se encontrou pela primeira vez com Kip, juntamente com o influente físico teórico Freeman Dyson. Weber e Dyson discutiram a possibilidade de que estrelas em explosão — as supernovas — pudessem fazer soar o espaço-tempo, e Weber pode ter escolhido a frequência de ressonância de sua barra de modo que se alinhasse a essa possibilidade. Joe zombava dos teóricos por sua postura de superioridade, mas, apesar disso, valorizava o discurso encorajador de Dyson. "Dyson escreveu, disse que tinha pensado sobre isso. Primeiro, quando soube que o projeto estava sendo tocado, pensou que eu era louco, mas depois tinha pensado no assunto e feito os primeiros cálculos do colapso gravitacional e os enviado a mim, então eles foram reproduzidos no livro *Interstellar Communication.*"

Nessa antologia, uma visão sóbria, conquanto não convencional, dos méritos da comunicação com possíveis extraterrestres, Dyson publicou um artigo sobre "máquinas gravitacionais", no qual ia em busca de candidatos promissores a ser a fonte de ondas gravitacionais, as estrelas mortas compactas. Embora tenhamos hoje a capacidade de ver estrelas mortas compactas, em 1963 sua existência era incerta. Dyson imaginou que uma civilização avançada poderia construir duas estrelas mortas compactas em órbita para lançar espaçonaves a uma velocidade próxima à da luz. Também reconheceu que, existindo naturalmente um par assim, ele poderia emitir uma poderosa irrupção de radiação gravitacional que o equipamento de Weber detectaria. A ideia de Dyson sobrevive, não como forma de comunicação extraterrestre, mas como uma das mais promissoras fontes para a detecção direta de ondas gravitacionais.

Weber lê para Kip algumas motivadoras linhas da publicação. "Freeman J. Dyson, *Máquinas gravitacionais*. [...] perda de energia por ondas gravitacionais fará as duas estrelas se aproximarem reciprocamente em velocidade crescente até que nos últimos segundos de suas vidas elas mergulhem uma na outra e libertem uma eclosão gravitacional [...] intensidade inimaginável [...]detectável pelo equipamento existente de Weber. [...] Parece que vale a pena manter vigilância sobre eventos desse tipo empregando o equipamento de Weber..."

Até mesmo o grande Oppenheimer incentivou Weber. Joe foi buscá-lo no aeroporto quando visitou os Estados Unidos em meados da década de 1960 e achou que ele estava muito entusiasmado quanto à busca de ondas gravitacionais. Ele repete a observação de Oppenheimer: "'O trabalho que você está fazendo', ele disse, 'é exatamente sobre a mais excitante questão que está acontecendo em qualquer lugar por aqui.' Fiquei perplexo e, é claro, isso me deu um tremendo impulso moral. Ele não era desses que fazem um elogio facilmente". Então, essa é a história de como começou, ele diz a Kip. Evidência registrada, rotulada, arquivada.

Tão rápido quanto um *momentum* científico possa mudar, este mudou. Logo havia detectores de barra de ressonância de Weber em desenvolvimento na IBM, na Escócia, no Japão, em Stanford, na Alemanha, nos Laboratórios Bell, na Louisiana, em Rochester, na Itália, em Moscou e na Califórnia. Em toda parte. Literalmente. Em 1972, a Nasa chegou a pôr um dos instrumentos de Joe na Lua, o gravímetro da superfície lunar. Havia novos projetos e refinamentos e análises técnicas. E ninguém, exceto Joe, tinha detectado uma onda gravitacional. Lá fora havia um silêncio mortal.

Ron Drever, ainda em Glasgow na época, e seus colaboradores, bem como outros grupos pelo Reino Unido — Harwell, Cambridge, Oxford, Glasgow —, conceberam suas próprias barras com alterações e melhoras engenhosas que iam além de um simples diapasão. Drever tinha começado a investir nas tecnologias de barra no início da década de 1970, motivado pela crença de que Weber poderia estar certo.

Stephen Hawking e Gary Gibbons, de Cambridge, discutiram a possibilidade de equipar um laboratório com partes literalmente catadas em ferro-velho, embora essa montagem nunca tenha se materializado. Drever pesquisou para eles um tanque antigo cujo propósito original fora o de ser uma câmara de descompressão para mergulhadores. Ele concluiu que era realmente barato, mas inútil.

Em algum momento da década de 1970, Drever pediu para visitar Weber em seu laboratório em Maryland, mas Weber, cheio de raiva e suspeita, respondeu secamente que não seria bem-vindo. Ele foi assim mesmo, e a rejeição não tinha se atenuado. A saudação de Weber foi: "Você não pode simplesmente entrar e fazer experimentos de ondas gravitacionais". Drever até concordou, mas de algum modo Weber não conseguiu discernir seu tom otimista. Sem se deixar abalar pela recepção, Drever retornou ao Reino Unido para construir e expandir suas próprias barras em Glasgow. Embora tivesse motivos para duvidar, permitiu que o otimismo mantivesse sua mente aberta às possibilidades. Para seu desapontamento, as barras só forneciam ruído, e rapidamente ele e seus colaboradores perceberam que a dúvida tinha amadurecido numa conclusão. Weber devia estar errado.

Braginsky tinha sido o primeiro a construir uma barra e anunciar um resultado negativo: nenhuma onda. Ele conduziu o experimento durante apenas algumas semanas e rapidamente desistiu de tentar mais com barras melhores ou considerar uma abordagem totalmente diferente. Os experimentos com a barra de Drever vieram depois e foram mais detalhados. Ele também passou um ano ou dois tentando "todo tipo de ideia maluca", e falou-se de um grande projeto britânico no laboratório Rutherford, em Cambridge. O grupo alemão também refutou alegações de ter conseguido detecção num experimento de barra muito respeitável. As barras estavam indo para a periferia.

As alegações de Joe Weber em 1969 de ter detectado ondas gravitacionais, que tinham catapultado sua fama, que fizeram dele, possivelmente, o mais famoso cientista vivo de sua geração, foram brusca e veementemente refutadas. Nas décadas subsequentes a retirada de apoio foi quase total, tanto por parte das agências de financiamento científico quanto por parte de seus colegas. Ele quase foi despedido da Universidade de Maryland. Weber resumiu sua situação com uma observação autodepreciativa em relação à sua segunda mulher, Virginia Trimble, uma jovem astrônoma 23 anos mais moça que ele. O sociólogo Harry Collins relata: "[Weber] disse-me com um sorriso que quando se casaram ele era famoso e ela não, e agora os papéis estavam trocados".

Weber nunca cedeu, mesmo quando a evidência contra ele se acumulava e a comunidade lhe voltava as costas. Embora ocasionalmente suas alegações de ter detectado diretamente ondas gravitacionais sejam reavaliadas, a evidência tende para a negativa. Ele teria registrado apenas uma falha no equipamento, ou houve um erro na análise, ou, na pior de todas as interpretações, ele inconscientemente distorcia os dados.

Richard Garwin, um pesquisador da IBM inicialmente motivado pelas alegações de Weber, mas talvez depois por alguma suspeita, rapidamente configurou e calibrou seu próprio detector na estreita frequência da barra original de Weber. Ao constatar que os céus estavam tão silenciosos para ele quanto tinham estado para os outros pesquisadores no mundo inteiro, ficou contrariado. Convencido, por experiências anteriores, de que Weber não se abalaria diante da razão ou de dados crus, optou por confrontá-lo publicamente, em uma emboscada. Numa conferência sobre relatividade no MIT em 1974 — essas conferências estavam ficando cada vez mais animadas e pautadas por controversos louvores a Joe —, Garwin postou-se à frente da plateia e contestou Weber e suas realizações. Os dois quase se atracaram, ambos tensos e ameaçadores, diante de um público de pacíficos relativistas — a não ser nesse ponto —, separados pela bengala erguida do astrofísico vítima de poliomielite Phil Morrison. Os dois recuaram, Weber, resoluto, Garwin, desdenhoso.

Joe estava acuado, mas mergulhou ainda mais fundo em suas convicções. O experimento de Garwin não fora tão bom quanto o de Weber, poderiam dizer alguns. Fora em menor escala, preparado de maneira abrupta, e ficou operacional durante apenas um mês. Em qualquer cenário, dois experimentos nunca são idênticos e exigem minuciosos esforços em sua comparação. Como cientista, Weber tinha direito, e mais do que isso, obrigação, de mostrar as falhas da comparação. Ele não poderia reconhecer seu próprio fracasso com base numa lógica incorreta e em dados insuficientes.

As condições não ficaram melhores para Joe nos 25 anos seguintes. Seus detratores o pegaram em erros importantes. Fizera alegações que eram indiscutivelmente falsas. Joe havia notado que quando o centro de nossa galáxia estava bem a prumo, uma vez a cada 24 horas, ele registrava blocos de eventos. Deduzira que o sinal poderia estar vindo do denso núcleo da galáxia, onde muitas atividades gravitacionais possivelmente poderiam gerar uma significativa emissão de ondas gravitacionais. O astrônomo Tony Tyson estava na primeira fila, junto com "Johnny" Wheeler e Freeman Dyson durante um colóquio em Princeton no qual Weber mostrava um gráfico com um grande pico nos dados a cada 24 horas, indicando poderosas irrupções de ondas gravitacionais vindas do denso centro da galáxia. "Todos nós demos um pulo", lembra Tyson, "e dissemos: 'Espere um instante, Joe, as ondas gravitacionais têm de passar diretamente através da Terra'." Como as ondas gravitacionais passam diretamente através da Terra, suas barras deveriam acumular eventos a cada doze horas, ou seja, quando a galáxia estava alinhada por cima *e* quando alinhada por baixo, o que era problemático para a conclusão de Weber. Quando esse erro de raciocínio foi mostrado, ele reanalisou os dados e voltou algumas semanas depois com grupos de eventos a cada doze horas. Essa flexibilização na análise de seus dados aprofundou ainda mais a desconfiança.

Tony Tyson pensou que havia evitado prejuízos, tendo construído suas barras nos Laboratórios Bell. Ele as operou durante mais de um ano e "não viu droga nenhuma". Mas ainda havia muita excitação em torno da possibilidade de uma nova física, o bastante para que ele não conseguisse resistir ao ímpeto de fazer melhor, de empurrar os limites para mais além. David Douglass, na Universidade de Rochester, construiu uma cópia idêntica da barra de Tyson de modo que pudessem pesquisar eventos coincidentes mas separados por longas distâncias. Como cortesia da AT&T, na época a companhia-mãe dos Laboratórios Bell, um cabo coaxial ligava diretamente os laboratórios de Tyson, Douglass e Weber. Podiam baixar diretamente os dados uns dos outros em gravações digitais e fazer análises separadas.

Numa análise dos dados de barras construídas e operadas independentemente, Weber alegou que havia falhas que coincidiam com as registradas por seu detector em Maryland. Essa coincidência observada em instrumentos amplamente separados e operados independentemente daria suporte à sua alegação de que os sinais eram astrofísicos, e não uma interferência local. Enquanto isso, Douglass e Tyson não achavam nada por cima do ruído.

Tyson imagina que Joe estava extraindo sinais falsos dos ruídos de seus próprios dados, coincidentes com pulsos totalmente falsos que ele, Tyson, estava injetando intencionalmente em seus dados, visando calibrá-los. "Pensei que tínhamos informado Joe quanto a essas injeções de calibração. Talvez não o tenhamos feito", explicou, desconcertado. Se Joe alegava que havia coincidência com esses sinais falsos, poderia detectar coincidências em qualquer lugar. Ainda mais condenatório era que os grupos gravavam os dados usando padrões diferentes de tempo. Quando Joe gravou um evento às duas horas e alegou que eventos tinham sido detectados simultaneamente por Tyson e Douglass, eles estavam na verdade defasados em quatro horas. Não havia eventos simultâneos. Mesmo no melhor dos casos, seria impossível recuperar-se desse tipo de erro. Posteriormente, Joe se retirou da função de análise dos dados para frustrar qualquer acusação de favorecimento pessoal, mas era tarde demais. As pessoas tinham se tornado inclementes. Intencionalmente, ele tinha se enganado e se iludido com falsas esperanças, que pareciam ter levado a falsas alegações, e a falcatrua foi revelada em fóruns públicos, de maneira muito humilhante. Ele se tornou um caso de fraude a ser exibido. Tyson disse sobre Joe: "Ele era um grande engenheiro elétrico, mas um estatístico ruim".

No final da década de 1980, o professor emérito estava recorrendo a seu próprio bolso para manter seu laboratório, uma caixa de concreto sem nenhum adorno entre uma floresta e um campo de golfe em Maryland. Há relatos de que ele mostra efetivamente a carteira, para deixar isso claro. A placa na frente — da qual ele, com o orgulho em declínio, não cuida com a devida atenção — anuncia o monumento, "observatório de onda gravitacional", e está desbotada pelo tempo.

6. Protótipos

No campus da Caltech existe um prédio que, visto de certo ângulo, parece um trailer, e é difícil de encontrar mesmo com um iPhone e um mapa com coordenadas de GPS e uma seta indicando com precisão longitude e latitude. Eu caminho até lá, atravessando um terreno de uso industrial, depois passo por uma viela inexpressiva que leva à única entrada para o "quarenta metros", nome popular do protótipo de ifo da Caltech e da construção que o abriga, uma espécie de anexo dos Serviços Centrais de Engenharia. O mapa mais a seta marcam confusamente um não lugar como sendo *o* lugar, algo que não está nem fora do campus nem propriamente enraizado nele.

Não percebi meu destino e o ultrapassei, deixando-o uns cem metros para trás, enquanto ouvia umas queixas de Jamie ao telefone — que agora brilha com minhas coordenadas atuais — por eu não ter encontrado o quarenta metros apesar de seu mapa cuidadosamente documentado. "Vou até aí pegar você", ele diz, tentando parecer mais provocativo do que realmente é, "vai voltando pelo mesmo caminho." Foi o que fiz.

James Rollins, ex-aluno de pós-graduação de Rai Weiss, trabalhara no protótipo do quarenta metros antes de mudar para postos diferentes dentro do empreendimento colaborativo. Recuando dois ou três passos, aponto para a porta de um trailer numa área de carregamento, o gesto indicando uma pergunta. Chego até ele e armo uma cena, parecendo confusa. "Eu lhe dei um mapa", ele diz, fingindo perplexidade.

Uma única porta marca o umbral dessa estrutura improvisada e provisória, não realmente uma construção, mas um recinto temporário montado apressadamente trinta anos atrás, um abrigo para testar e desenvolver o experimento. Suas operações verdadeiramente centrais são realizadas num trailer. Mas ao laboratório têm de se encaixar quarenta metros de tubos em duas direções ortogonais, e assim, pelas leis da realidade física, não é possível que esteja dentro de qualquer instalação com as dimensões de um caminhão. Não andei em volta dele, mas é claro que alguma outra estrutura se funde com a frente do trailer. As décadas de trabalho que se escondem atrás dessa despretensiosa construção de um só pavimento culminarão numa realização — com a qual tentarei impressionar vocês — que merece novos adjetivos, novos descritores. Estou cruzando o modesto umbral de um trailer para entrar na fase de pesquisa e desenvolvimento de um experimento que medirá ondas na forma do espaço com dez bilionésimos de um trilionésimo do comprimento da máquina de medição.

As proporções se alternam entre infinitesimais e astronômicas. Os sinais são infinitesimais. As fontes são astronômicas. As sensibilidades são infinitesimais. Os resultados são astronômicos. A ambição humana de compreender o universo é simplesmente épica, e o astronômico transcende o épico.

A construção e o protótipo do quarenta metros não pertencem a ninguém em particular. A equipe inteira pode ser substituída e tem sido, peça por peça, reunida e reunida de novo à medida que cientistas vêm e vão, e a máquina ainda zumbe, indiferente a seus operadores. Um número incontável de estudantes tem praticado nos estreitos espaços, e a diretoria do laboratório do quarenta metros vem sendo rotativa ao longo dos anos. Cada elemento da anatomia de sua estrutura teve de ser projetado, escrutinizado, construído, testado, aprimorado, documentado, dissecado e, depois, integrado ao resto do corpo. As melhores ideias são implementadas, esmiuçadas, debatidas, reestruturadas e posteriormente confirmadas e encomendadas para os dois observatórios LIGO em escala total, nas locações remotas (nem na Caltech nem no MIT), onde os componentes têm de ser escalados e afinados de novo. Nenhuma das operações físicas pode ser executada num ritmo particularmente apressado, e os pesquisadores aprendem a se equipar de paciência, a se movimentar com uma clareza especial e sem aturdimento, a adquirir uma visão de longo prazo. Eles manobram em volta do modelo não exatamente com a lentidão de uma estação espacial, mas com segurança e sem pressa. Num dia típico, o laboratório em si mesmo está vazio, com mais gente no recinto de controle, monitorando os trabalhos internos do ifo.

No quarenta metros da Caltech, Jamie joga para mim um par de óculos de proteção, e ele mesmo usa outro, que se parece estranhamente com seus óculos normais. Calçamos botas de papel para que a poeira da rua fique em nossos sapatos, e não no chão do laboratório. Elas vêm em dois tamanhos, grande e pequeno. Sou encaminhada para a pilha das pequenas. Fantasiados assim, passamos por uma passagem estreita ocupada por uma dupla de estudantes de pós-graduação e uma de pós-doutorandos, todos debruçados em computadores, depois por uma estreita sala de controle com monitores preto e branco conectados aos instrumentos ópticos, e só após passar por uma porta dupla entramos no efetivo domínio do instrumento. Há avisos acima das portas, nas portas e ao lado das portas. Reconheço-os intuitivamente como avisos de perigo, mas não capto o contexto. Escrevi a Jamie algumas semanas depois para que me lembrasse o texto exato, e isso foi o que obtive em resposta:

Há muitas
muitas palavras
PERIGO
ACESSO PROIBIDO
LASER
Etc.

Os sinais de aviso criam um ambiente perfeito para que o visitante não irrompa no laboratório displicentemente. Uma visita apropriada exige cuidado e deferência, como se este lugar de trabalho fosse em parte uma loja de porcelanas, em parte uma fábrica. Há fita adesiva no chão para manter o laboratório ainda mais limpo. Ela gruda na sola das botinhas e extrai a poeira e a sujeira acumuladas na curta passagem do cesto das botas às portas do laboratório.

Um laboratório de física experimental provavelmente é diferente de qualquer outro recinto em que você tenha estado antes. A iluminação é forte, é claro, agressivamente clara e além do alcance de qualquer preocupação estética. Há ruídos de máquinas, um zumbido harmônico, às vezes vindo apenas de ventoinhas de equipamentos de computação, e não de partes motorizadas. Nunca há nenhum abafador de som especialmente instalado, de modo que as máquinas têm uma clareza sonora que parece intencional, acionada por alguma orquestra pós-industrial experimental.

Há dois tubos de aço inoxidável, cada um com quarenta metros de comprimento e cerca de meio metro de diâmetro. Os tubos de aço, mais conhecidos como braços, estão dispostos no formato de um L. Fios pendem e balançam em certos lugares e o espaço para caminhar ao longo dos tubos é bem estreito. Fico um pouco ansiosa no laboratório, e meus óculos caem o tempo todo.

"Quão eficazes são os filtros destes óculos?", pergunto, pensando se eram ou não necessários.

"Muito. Se um só fóton escapar do feixe aqui no recinto e depois para seu olho, você está totalmente fodida. [É um desvairado exagero, estou certa.] Ponha os óculos. Elevamos o vácuo na câmara dos instrumentos ópticos para uma atmosfera e fiquei com a cabeça nos instrumentos a semana inteira. É muito estressante."

Passei o resto da visita segurando os óculos de proteção no rosto.

No início da década de 1980, Drever trouxe tudo o que tinha para o protótipo de quarenta metros da Caltech. Aquilo que não era mais verdade para ninguém em relação ao protótipo uma vez fora a verdade para Drever. O quarenta metros era dele. "Pensei que isso estava entendido", tinha dito Drever.

Ele nunca considerara o ifo como propriedade de alguém, fosse Rai ou qualquer outro. Para dizer a verdade, Rai também não. Ele está sempre pronto a dizer que um escrutínio cuidadoso da história mostra que não fora o primeiro a considerar a utilidade do ifo como detector de ondas gravitacionais. Na década de 1970, "havia nos Estados Unidos outro sujeito que estava trabalhando nisso — um aluno de Weber do qual eu tinha notícia. Seu nome era Bob Forward... e ele estava atrás de uma ideia. Você vê, essa ideia... não é só minha. Outras pessoas estavam fazendo isso".

Drever diz nas entrevistas de 1997: "Havia um cara chamado Robert Forward". Forward estava trabalhando o tempo todo na Hughes, em Malibu, e conseguira convencer a companhia a deixá-lo construir um ifo próprio.

Rai relembra: "Forward tinha recebido a ideia de um sujeito com quem eu tinha conversado. E ele diz que isso chegou vindo de mim, por intermédio de Phil Chapman. Não acho que seja muito preciso. Acho que veio realmente de Weber. Ele também tinha pensado em usar a interferometria como maneira de detectar ondas gravitacionais.

"Bem, o que resultou disso é que depois tomamos conhecimento dessa coisa surpreendente. Kip fez algumas pesquisas e descobriu que dois russos na Universidade Estatal de Moscou já tinham publicado a ideia na edição russa do *Journal of Experimental and Theoretical Physics*, antes de eu sequer ter pensado nisso. [Mikhail E. Gertsenshtein e V.I. Pustovoit, em 1962.] E eu não sabia disso. Não conhecia esses nomes, mas agora eles aparecem em alguns de nossos escritos. Eles tiveram uma ideia em estado bruto, que era similar à que Bob Forward e Weber haviam tido — ou seja, usar a luz como meio de medir cuidadosamente a distância. Assim, você sabe, os detectores interferométricos cresceram em uma porção de lugares. O que eu fiz de significativo foi efetivamente enxergar quão prática era essa ideia, ao fazer essa análise de ruído que eu achava ser crucial. E não estou sendo modesto nem nada."

Rai explica como pensava na época. "Não era um experimento completo, era uma ideia, e não se publicava uma coisa assim. Mas havia um pedaço de mim que dizia que isso tinha de ser colocado em algum lugar, então eu o incluí no relatório trimestral de progresso... um grande, longo relatório. E foi isso, não o publicamos mais. Era lá que estava realmente a base de toda a maldita coisa."

Kip, independentemente, menciona a importância da análise de Rai sobre o ruído, o qual, nesse contexto, significava qualquer coisa que fizesse a máquina chacoalhar, do tráfego de veículos a terremotos e flutuações quânticas na luz do laser, dizendo que o relatório era um tour de force. A ideia básica estava lá, de forma muito clara, no trabalho de Gertsenshtein e Pustovoit, mas sem estimativas de ruído nem avaliação de exequibilidade. "A ideia torna-se realidade com Rai", enfatiza Kip. "Ele identificou todas as fontes dominantes de ruídos que o LIGO, em seu início, teria de considerar, e concebeu meios de lidar com elas e fez uma análise de ruído para um instrumento que incorporasse esses meios. Foi muito mais do que o tour de force que Rai se atribui. Em retrospecto, foi realmente notável."

Rai diz: "Eu não publiquei porque era só uma ideia. E ainda estou convencido disso. Não posso ter agora esses dois fundamentos [o de ideia e o de experimento], e eu quero que tenha. Esse é o problema. A importância enquanto questão filosófica. Não sei o que você sente em relação a isso, mas ter uma ideia é muito diferente de realizá-la. Fico invariavelmente injuriado quando alguém tem uma ideia e a publica em algum lugar, é o dono dela, mas não move um só dedo para fazê-la acontecer. Não fazem o trabalho duro necessário para que ela se imponha. A pessoa que merece o crédito por ela e que a publica deveria ser aquela que a faz acontecer".

Ron Drever teve de ir buscar em microfilme o relatório interno trimestral de progresso, feito por Rai para o MIT, e ampliou uma fotocópia quase ilegível do documento. Entre suas ideias malucas, o grupo britânico considerava os lasers, mas Drever não tinha certeza de onde tiraram a ideia, se através do éter, dos alemães, ou do relatório original de Rai. O grupo de Glasgow operava com muito pouco dinheiro, e os lasers pareciam ser proibitivamente caros. O próprio laser poderia custar aproximadamente 10 mil libras, e essa quantia parecia exorbitante o bastante para desviá-los daquela direção por mais alguns anos. Drever também tinha visto a proposta de Rai à NFS e dado ao projeto uma recomendação muito veemente. Billings, na Alemanha, logo começaria com os ifos, e, embora já tivessem lançado antes algumas ideias concernentes a lasers, o realismo da proposta de Rai pôs esses grupos em ação.

Drever estivera pensando na tecnologia dos ifos durante dois anos e se encontrava nas fases iniciais da operação em Glasgow quando conheceu Forward. Incerto quanto à verdadeira origem da ideia de um ifo de massa livre como detector de ondas gravitacionais, ele indica de maneira mais vaga que a ideia dos ifos estava no ar. Contudo, uma ideia-chave que Ron atribui a Rai é a constatação de que fazer a luz ricochetear num braço múltiplas vezes aumentaria significativamente a sensibilidade. Drever trouxe uma versão diferente dessa ideia, a da cavidade Fabry-Perot,* que, naturalmente, seria muito mais barata. Ron sentia estar numa amistosa rivalidade com o grupo alemão, que parecia ter mais dinheiro, mais apoio, mais tudo, o que admitia invejar. A cavidade Fabry-Perot com que Drever tinha deparado ia lhe dar uma margem de competitividade. Ele apresentou a ideia numa conferência em Jena, na Alemanha Oriental, ainda atrás da cortina de ferro da Guerra Fria. "Foi um bocado de excitação atravessar a cortina e ver, no ônibus, quão miserável parecia ser o lugar comparado com a Alemanha Ocidental", disse.

A partir daqueles momentos iniciais, os interferômetros ganharam complexidade à medida que cada grupo contribuía com novos sistemas, durante décadas. Antes eu só tinha visto desenhos de interferômetros em linhas simples. Um desenho de linhas simples é para um interferômetro real o que um desenho de um homem no jogo da forca é para a biologia humana. Um interferômetro real é a manifestação material de décadas de pesquisas, avanços, ajustes e muito labor básico. Eu nunca conseguiria fazer essa escalada. Sou uma do grupo de espectadores ao pé da montanha que gritam instruções, teorias, incentivando os escaladores a continuar, com seus sapatos especiais, picaretas e ferramentas.

* Método usado para aumentar o percurso do feixe de laser sem aumentar a distância geográfica, fazendo a luz refletir entre dois espelhos seguidamente. (N. T.)

O que encontram aqui é a admiração de uma teórica pela natureza física do experimento.

Estou olhando para um esquema de um instrumento, ridiculamente detalhado, quase um pôster, afixado na parede do laboratório da Caltech, ao lado de um braço. O plano profissionalmente desenhado ilustra a complexa arquitetura do protótipo. Linhas cruzadas muito mais numerosas do que eu esperava ser necessário traçam a trajetória da luz laser pelo aparelho, as quais, numa animação que eu tinha visto antes, eram apresentadas (inexatamente) como um simples percurso circular. O esquema é, para mim, totalmente ilegível. Considero se devo ou não preservar o desenho técnico, numa fotografia, para algum uso ulterior, mas penso melhor sobre isso. Para ingressar na Colaboração Científica do LIGO (LSC, na sigla em inglês) deve-se assinar um "memorando de entendimento" segundo o qual você se compromete legalmente a respeitar as expectativas da instituição colaborativa. Não assinei o memorando, por isso não estou bem certa do que é permitido.

"Não sou oficialmente um membro da LSC, por que me permitem ver isso tudo?"

Jamie acha graça. Ele me dá uma cutucada: "E o que você vai fazer? Correr para casa e construir um igual?".

Se você estiver a fim de correr para casa e construir um igual, eis o que precisaria fazer. Achar um lugar sismicamente quieto. Construir um túnel, e outro, em forma de L, quanto mais compridos melhor. Quando uma onda gravitacional passa, as distâncias são esticadas e se encolhem numa fração minúscula. A magnitude do som gravitacional detectável depende do comprimento dos túneis, mais conhecidos como "braços". A mudança no comprimento de um braço devido a uma típica onda gravitacional será de cerca de dez bilionésimos de um trilionésimo do comprimento do braço. Se você fizer os braços curtos demais, vai perder sensibilidade às ondas gravitacionais e não serão notadas modulações no espaço.

No vértice do L posicione um poderoso laser de alta energia. Dirija a luz do laser para um divisor do feixe, que, como o nome indica, dividirá o feixe de luz, enviando parte dele ao longo de um dos braços e parte ao longo do outro. O que é crucial: extraia todo o ar e contaminantes e partículas dos túneis, para que a luz viaje pelo vácuo sem impedimentos. Este é um dos maiores desafios, manter os braços vazios. Nenhum ar pode dispersar, absorver ou interferir de qualquer outra maneira na luz do laser. Ela percorrerá a distância ao longo do braço em cerca de um centésimo de milésimo de segundo.

Na extremidade de cada braço, pendure um espelho muito bom com os mais finos fios. O espelho assim suspenso deve se mover quase livremente na dimensão transversal. Se o espaço oscilar, o espelho estará livre para oscilar sobre essa onda ao longo da direção do tubo.

Com esses espelhos de qualidade, os dois feixes de luz são refletidos de volta ao longo dos braços para o ponto de onde vieram, recombinando-se no ápice (um anteparo de "chegada" dos feixes), a luz de um braço interferindo na luz do outro, no divisor de feixe. A luz se recombina perfeitamente no ponto de chegada claro e se cancela perfeitamente no ponto de chegada escuro, se os feixes tiverem viajado exatamente à mesma distância. Se, em vez disso, um dos braços a tiver encurtado enquanto o outro a tiver alongado, os feixes divididos não terão percorrido exatamente a mesma distância e quando se recombinarem haverá um padrão de interferência que documentará a pequena alteração nas distâncias percorridas, tendo um feixe se movimentado uma fração de núcleo mais ou menos do que o outro, levando a diferenças em seus tempos de percurso de um milésimo de trilionésimo de trilionésimo de segundo (um octilionésimo de segundo). Agora você tem um interferômetro em funcionamento.

Construa. Construa outro, porque precisa de dois. Pelo menos dois. Situe o segundo longe do primeiro. Ele serve não só para confirmar uma detecção como real e não um falso alarme, mas também para certificar a localização do som. Ter dois detectores na Terra é tão útil como ter duas orelhas na cabeça.

E aí está o esquema. Construa um L. Estabeleça o vácuo. Projete um laser. Pendure alguns espelhos. Recombine a luz. Detecte a interferência. Grave os sons. Fácil.

Fácil.

Você quase acreditou que era fácil. Rai Weiss começou com uma ideia simples: deixe que espelhos flutuem livremente no espaço e oscilem junto com as ondas. Construa um interferômetro em volta dos espelhos, que flutuam livremente. Recentemente Rai irrompeu tempestuosamente em um dos observatórios vindo do laboratório principal, durante a instalação já avançada de parte do LIGO, xingando raivosamente. Um colega que testemunhou essa tempestade, inseguro e sem saber se devia dizer alguma coisa, saiu-se de maneira piegas com um "Como vão as coisas, Rai?".

"A máquina é complicada pra caralho", gritou Rai sem parar ou olhar para o autor da pergunta. "Pra caralho."

7. A Troika

O tom moral da censura acadêmica pode soar familiar, mesmo que os códigos específicos que estejam sendo defendidos sejam peculiares a um grupo determinado. Entre cientistas, estar errado é praticamente criminoso. A verificabilidade é o substrato de qualquer empreendimento científico. Não há nada a ganhar, mas tudo a perder, com alegações falsas sobre um experimento que para você ressoa apregoando resultados enquanto para o resto do mundo só devolve o silêncio. Weber pode ter acreditado na interpretação estatística de seus dados. Não acho que tenha falsificado intencionalmente a interpretação dos resultados, e esta pode não ser a opinião prevalente, mas tampouco é uma hipótese totalmente descartada.

Quando Rai Weiss, Kip Thorne e Ron Drever acompanharam as consequências da ruína dos detectores de barra, isso deveria ter incentivado seu afastamento de toda essa confusão, mantendo uma distância segura de qualquer respingo, em defesa de sua imaculada reputação científica. Em vez disso, cada um deles, independentemente, avaliou os escombros do desastre e acreditou haver um tesouro muito valioso na direção em que Weber tinha sinalizado. Ron levou algum tempo considerando a geografia antes de se voltar para os ifos. Rai tinha sido fisgado logo que divisara os ifos no fundo de sua mente. E Kip, pacientemente, deixou que se acumulassem experiências antes de decidir qual seria seu curso.

Kip cita Einstein em seu livro *Black Holes and Time Warps* [Buracos negros e deformações do tempo]: "Os anos de busca no escuro por uma verdade que se sente, mas não se pode expressar, o desejo intenso e as alternâncias entre confiança e desconfiança até que se irrompe na clareza e na compreensão só são conhecidos por quem os experimentou". Entre as desconfianças deve ter estado a da rápida ascensão de Weber à fama e seu doloroso descenso público. Muitos pesquisadores abandonaram o campo. A comunidade científica mais ampla definitivamente não estava disposta a investir dólares generosa e efetivamente em novas tecnologias só por diversão. Pelo menos as barras de Weber tinham sido baratas. Os ifos não iam ser construídos com pedaços de borracha cortados do chão ou com baterias acumuladas numa garagem na Escócia. O que predominava era a aversão ao risco. Para muitos cientistas, a busca por ondas gravitacionais estava morta.

Mas Kip, Ron e Rai estavam tomados por um "desejo intenso" de prosseguir, labutar e lutar por uma "verdade que se sente mas não se pode expressar". Eles trabalharam duro, nos "anos de procurar no escuro", que foram muitos mais anos do que qualquer um deles tinha previsto. Empenharam-se por um vislumbre daquela grandeza — por irromper "na clareza e na compreensão". Com todos os pontos negativos, a história de Weber sendo parte inevitável do contexto, tinham sido cativados. A competição entre os grupos só fez impulsioná-los com mais energia ainda. Nenhum deles podia recuar. A única direção possível era para o topo.

Enquanto Ron Drever e Stan Whitcomb construíam o quarenta metros na Caltech, com a poderosa presença de Kip e os esforços teóricos progredindo, Rai seguiu seu próprio caminho. Embora continuasse a haver ampla comunicação entre o grupo da Caltech e o do MIT, suas operações ainda eram separadas, com protótipos muito diferentes baseados em conceitos técnicos distantes. Para Ron, ao menos, ele e Rai de alguma forma competiam. Ron tinha ficado impressionado com Rai desde o início, e lamento não conseguir expressar na citação o ritmo e o peculiar sotaque escocês: "Muito cedo ele tinha um monte de *coisas*, tinha tanques de vácuo, um laser, as principais coisas *feitas*, muito, muito cedo. O estranho é que ele não pareceu se *mover* dali... durante *anos*".

Rai não tinha muito dinheiro ou apoio. Ele diz: "Lembro-me vivamente de ter tentado explicar às pessoas no departamento por que eu queria procurar ondas gravitacionais, e mencionar que um dos motivos era procurar buracos negros. Então as pessoas diziam que não existiam buracos negros, e eu devia esquecer aquilo.

"Isso teve um papel importante no porquê de o LIGO não ter começado no MIT. Parte do corpo docente da faculdade não fez campanha ativa contra isso, eram amigos meus, mas também pessoas influentes que tinham passado muito de sua vida, ou sua vida inteira, acreditando que tudo o que era evidência de buracos negros também poderia ser interpretado sem eles. E isso marcou o tom no MIT. O ambiente ficou completamente envenenado. Não era um lugar amistoso à gravitação moderna."

Os primeiros alunos de Rai a escrever teses de pós-graduação sobre ondas gravitacionais tiveram recepções hostis pela banca na defesa. Seu protótipo de ifo com 1,5 m nunca seria sensível o bastante para gravar os sons ressoantes de fontes astrofísicas verdadeiras. Nunca ouviria sequer a explosão do Sol. Um membro de banca fez um gracejo quanto a isso: "Nós nos sairíamos melhor se olhássemos pela janela". Rai ainda fica irritado com isso, ainda sente o visgo de um "mau gosto" visceral. Uma impressionante engenhosidade permeava tanto a tecnologia quanto o protótipo e a antevisão de desenvolver algoritmos para compreender dados hipotéticos. Um aluno fizera uma busca de explosão de estrelas; outro, de colisões de buracos negros. Verdade que os instrumentos ainda careciam de sensibilidade, num fator de 1 milhão, para efetivamente detectar essas fontes, mas eles tinham estabelecido o roteiro para o futuro. "Os rapazes ainda estavam profundamente imbuídos da mentalidade do 'onde está o resultado em termos da física?'." Rai e seus alunos não podiam fazer reivindicações científicas. Não podiam dizer nada sobre a astrofísica real.

Ele nunca tinha acreditado que ifos com capacidade de detecção poderiam ser construídos em pequena escala. Sabia demais sobre as limitações físicas do que se manifestava como barulho. Um estudante atrás do outro foi empurrando para baixo o nível do ruído, dando oportunidade a que o sinal real pudesse competir em audibilidade com o ruído de fundo. Mas, ainda assim, o ruído de fundo era mais alto do que quaisquer sons esperados do espaço, num fator de centenas de milhares, ou mesmo milhões. A cada verificação a escala projetada de um detector viável aumentava com toda a certeza. Rai sabia que nunca construiria ele mesmo outro protótipo. Ele queria seguir em nível científico. Trabalhou contra seus próprios instintos e foi forçado a seguir uma direção à qual resistia. Conhecia em primeira mão o desperdício de esforços em projetos gigantes, as dores de cabeça, os pesadelos de gerenciamento. Mas a ciência o coagia a um grande projeto, de uma máquina enorme — não de 1,5, nem 3, nem mesmo 40 metros. Uma máquina que abrangesse muitos quilômetros era a única opção realista. "Não gosto da Grande Ciência.

Mas só poderia fazer [o experimento] se o projeto fosse grande. Não havia outro modo de continuar. A ciência requeria isso. Nunca acreditei que seria possível fazê-lo pequeno."

Era o final da década de 1970. Rai tinha mantido seu protótipo durante quase uma década, extraindo tudo quanto pôde do modelo pequeno. Foi para Washington determinado a convencer o diretor do Programa de Física Gravitacional da NFS, Rich Isaacson, que muitos creditam ter sido individualmente responsável por evitar que o projeto soçobrasse. A fundação já tinha investido alguns fundos modestos no desenvolvimento da nova geração de máquinas. O dinheiro foi para Drever, na Caltech, e em menor escala para Rai, no MIT. Ele temia a expansão. Em seu pequeno laboratório, podiam fazer tudo à mão. Uma elevação de nível seria dispendiosa e consumiria um tempo precioso. Mas o experimento precisava de um substancial embasamento num lugar remoto, de um instrumento mais complexo, de um empreendimento mais extenso em cada aspecto. E Rai precisava da adesão da NFS.

O diretor do programa, Rich Isaacson, era "muito honesto e um baita de um messias para a causa. E por que isso? Porque ele próprio tinha trabalhado nesse campo". Isaacson foi um dos primeiros a demonstrar com cálculos formais convincentes que se perdia energia em ondas gravitacionais. Ele estava profundamente envolvido com ciência e, como dirigente de um programa, queria esse maravilhoso empreendimento para a NFS, porque ninguém mais reivindicaria esse território. A gravitação, como disciplina, não estava no âmbito do Departamento de Energia ou do Departamento de Defesa, nem mesmo no da Nasa. Isaacson viu uma oportunidade para que a NFS adquirisse uma dramática nova visão, toda dela. Estavam prometendo outro tipo de astronomia, a astronomia das ondas gravitacionais, um meio de registrar aspectos do universo invisíveis aos telescópios. A detecção de ondas gravitacionais era arriscada, controversa, quase impossível tecnologicamente. A detecção de ondas gravitacionais era também um caminho singular para se tornar muito mais interessante como fundamento.

Isaacson e Rai gostavam de caminhar por Walden Pond, uma trilha curta perto da casa de Rai. O arbitrador entre dinheiro e ciência passeava, às vezes em conluio, às vezes discutindo, possesso, como se vidas estivessem em jogo, não conhecimento. Nessa visita específica, Rai foi para Washington e não estou certa de que tenham conversado lá numa dessas trilhas de passeio, em vez de a uma escrivaninha da sede da NSF, mas gosto de imaginar essa conversa na camuflagem de uma réplica do Walden Pound no distrito de Columbia. Os dois homens caminhando ao ar livre, como espiões preocupados com os inimigos, precisando de um campo neutro. Rai explicou suas experiências com o protótipo, as limitações inerentes e a resistência da comunidade. Fora o entusiasmo de Isaacson pelo potencial científico, os obstáculos eram proibitivos. O custo era incerto, mas mesmo estimativas grosseiras encorajavam o termo "assombroso" em relação ao orçamento inteiro para o campo da astronomia. E, no restante desse campo, a nódoa de uma catástrofe (um cientista tinha errado!) mancharia reputações. O legado de Weber garantia a oposição daquela mesma comunidade que ele estava encarregado de cultivar.

Rai explica: "Eu costumava visitar o tempo todo o laboratório de Weber em Maryland. Éramos como amigos sempre em guerra. Mas concedo a Joe o crédito, e certamente digo isso agora à sua mulher, por ter inaugurado esse campo. Ele era imaginativo, mas não era um bom pesquisador. Com certeza tornou tudo mais difícil para todos.

"O problema com a história toda de Weber foi realmente muito sério para eles." (E agora devo me interpor e dizer que Isaacson afirma que o impacto da história de Weber foi exagerado pela repetição, sendo menos restritivo quando as decisões atuais se consolidaram.) Rai ainda disse a Isaacson: “Bem, não posso continuar com isso, a menos que se torne algo que realmente faça ciência”.

Rai ofereceu-se para fazer um estudo meticuloso, em colaboração com parceiros industriais, para determinar a exequibilidade e os custos de um ifo cientificamente viável — um estudo de cunho industrial, não científico. Se os resultados fossem animadores e um instrumento em escala total fosse adquirível, então Isaacson teria os documentos para apoiar um caso de uma nova iniciativa da Grande Ciência. Se a perspectiva fosse boa, Rai poderia reunir um consórcio de cientistas, todas as pessoas no mundo ainda excitadas com a perspectiva da detecção da onda gravitacional. “‘Eu vou cooptar todos, eu lhe prometo’, eu disse a ele.”

Se o estudo não se mostrasse promissor, todos iriam embora. Rai, pelo menos, iria. Imagino os dois selando o acordo com um aperto de mãos.

Rai e sua equipe do MIT investiram três anos no estudo, chamado Livro Azul. Quase pronto para submeter suas descobertas à NFS, Rai abordou Kip e Ron numa reunião sobre relatividade geral na Itália. “Meu filho foi comigo. Foi a primeira vez que o levei a algum lugar. Ele tinha treze ou catorze anos. Lembro que os alemães estavam lá, os escoceses estavam lá, o grupo de Drever, e Kip. E começamos a discutir a ideia de como se juntariam a nós no final desse estudo.

“E assim, Benjamin, meu filho, foi comigo encontrar Kip e Drever. Eu falei sobre o plano do Livro Azul e Kip, a essa altura, tentava me convencer, dizendo: ‘Por que abrir isso para todo mundo? O pessoal da barra não está interessado nesta coisa. E nós estamos’. Ele queria fazer daquilo algo não multiuniversitário, mas biuniversitário, envolvendo Caltech e MIT. E foi quanto a isso que vacilei um pouco. Não sei por que concordei, mas concordei. Em parte porque... bem, eu tinha um tremendo respeito por Kip.

Ainda tenho isso, muito amor e respeito. Ele sugeriu, e eu pensei que poderia ser, não sei. De certa forma, teve a ver com meu relacionamento pessoal com Kip.

"Eu não conhecia Ron Drever e não sabia quão complicado ele era até aquela noite naquele hotel. E então me dei conta, de repente, de que estava tratando com uma pessoa totalmente fora de prumo. Continuei falando com ele sobre o plano e como teríamos de fazer aquilo juntos, e ele resistia de modo absoluto. Ron disse: 'Não vim para a Caltech para trabalhar com você. Quero fazer isso a meu modo. Por que tenho de trabalhar com você?', esse tipo de coisa. Isso durou a noite toda — isto é, a maior parte da reunião. E meu filho estava sentado ali, e não conseguia acreditar no que ouvia. Kip tentava acalmar os ânimos. Ben me disse depois: 'O que está tentando fazer? Esse cara não quer trabalhar com você. O que você está tentando fazer?'. Então eu disse: 'Ele não pode fazer isso sozinho. Eu não posso fazer isso sozinho. A coisa é grande demais. Temos de imaginar um modo de fazer isso juntos'.

"Aquele problema na verdade nunca foi resolvido. Posso ter desperdiçado todo um ano, mas, seja como for, o que aconteceu foi que Kip me convenceu de que deveria ser um relatório conjunto da Caltech e do MIT." (No entanto, para exatidão histórica, enfatiza Kip, "O Livro Azul foi um documento estritamente do MIT, com algumas contribuições individuais de Stan Whitcomb, da Caltech".)

Rai continua: "E fizemos uma apresentação, em outubro de 1983, acho, finalmente".

"Eu estava terrivelmente assustado com essa proposta, apresentada como uma ideia que custaria cerca de 70 milhões de dólares — uma ultrajante quantia em dinheiro: era o que se depreendia do estudo industrial... Tinha duas bases de operação, mas em qualquer outro aspecto era só um esqueleto. E Ron Drever estava sendo arrastado para isso por Kip, esperneando e gritando. Ele não queria ser parte disso; queria fazer seu próprio estudo. Queria fazer tudo sozinho. E Kip tentava convencê-lo, embora também não soubesse tanto assim sobre como se faz a Grande Ciência, de que não poderia fazê-la sozinho.

"É aí que toda a história se complica. Kip e eu não concordamos quanto a isso; você vai ouvir dele uma versão diferente. Eu sabia que isso não poderia ser feito por uma só instituição, certo? Tive de convencê-lo de que o caso era esse... Kip faz a coisa soar como se tivesse sido um casamento forçado porque a noiva estava grávida. Mas o casamento era inevitável. Eu sabia disso. Era ridículo pensar de outra maneira, e a NFS disse isso no fim. Levaram bastante tempo para isso.

"E uma porção deles estava pensando em prêmios Nobel. Se você quer saber a verdade, esse é o grande pecado nesse campo. Sim. Acho que é um elemento-chave. Isto é, se eu tiver de pinçar uma coisa que tornava Ron Drever tão impossível, seria essa. Esse é meu modo de ver a coisa. Uma vez, em Washington, eu o acusei disso, mas ele nunca o admitiu. E a NFS falava sobre isso como uma das coisas que aconteceriam. Se desse certo, seria um campo novo, e consequentemente eles seriam responsáveis por um prêmio Nobel de física. Certo? Isso era muito importante para uma agência. Então acho que esse era o pano de fundo.

"Muito bem, onde estávamos? Certo, tínhamos esse arranjo vacilante entre Caltech e MIT, que mal se sustentava. Na verdade, não era entre as duas instituições, mas entre mim e Ron.

"E o que aconteceu muito rapidamente na Caltech foi que eles viram que o MIT estava titubeando — quer dizer, a Caltech pode agir muito rapidamente quando quer; o MIT não.

"E o MIT não fez nada. Ficou muito contente quando a Caltech deu um pulo e se apoderou efetivamente do projeto. E eu fiquei louco da vida. É bom você saber que fiquei louco da vida com aquelas pessoas, para sempre. Não com as pessoas da Caltech. Elas salvaram tudo isso. Fiquei pê da vida com o MIT."

(Rai diz depois: "Tudo isso era verdade então, mas não agora". O MIT é um conjunto de pessoas, e com uma mudança administrativa de meados da década de 1990 toda a mentalidade mudou. "Desde então tem dado muito apoio ao projeto. Isso é importante.")

A mudança de Drever para a Caltech não foi planejada no contexto de uma fusão maciça com o MIT. Ele imaginava que pura habilidade e talento poderiam entregar um pequeno interferômetro que fosse cientificamente viável. Rai, ao contrário, sabia que isso não era exequível. Ron insistia. "Ele nunca viveu neste mundo." Kip via as coisas à maneira de Rai. A aliança entre eles tornaria aquela façanha concebível. Kip tentava convencer Ron, mas "ele tinha uma criança em suas mãos. Uma criança brilhante", diz Rai.

Ron reclamava de Rai. "Senti que ele estava se intrometendo no projeto que estávamos tentando fazer, e ele sempre foi muito competitivo... Houve todo tipo de discussões, embora o fizéssemos de maneira bastante amigável." Ele protestava: "Rai Weiss, como eu disse, tivera uma primeira ideia disso. Ele estava fazendo experimentos — a meu ver, muito lentamente — numa escala muito pequena. E não estavam avançando rápido o bastante. Quando eu trabalhava na Caltech, o que fazíamos lá estava bem à frente, a meu ver, daquilo que Rai Weiss fazia, e estava indo muito mais rápido, e muito melhor em praticamente todos os aspectos. O esforço de Rai fora muito pequeno. Basicamente, ele fez um pequeno interferômetro, que na verdade não funcionava muito bem. Não pelo fato de ser pequeno, mas por não ter sido projetado muito bem, em minha opinião". (Obviamente, Rai discorda.)

Ron ficou "chocado" e profundamente preocupado quando ouviu sobre o Livro Azul. Achava que os problemas de pequena escala não tinham sido resolvidos e que ninguém estava disposto a engajar-se industrialmente num maciço e periclitantemente dispendioso projeto. E certamente ele não achava que Rai poderia liderar esse esforço. Os planos ambiciosos de Rai para um sistema enorme irritavam Ron, que queria crescer por etapas, com máquinas em escala intermediária que progressivamente se tornassem maiores. Mas Kip insistia que o salto para a interferometria em grande escala era vital. Uma sequência de máquinas intermediárias como propósito apenas de pesquisa e desenvolvimento, sem sensibilidade bastante para fazer uma detecção, simplesmente não funcionaria. No decorrer de muitas conversas, a versão corrente é que a NFS deu um ultimato a Drever: ou combinava esforços ou seria o fim. E, embora Ron visitasse a NFS repetidamente, como fizera Rai, a fundação permaneceu impassível. O próximo aumento de escala deveria ser capaz de uma detecção, e um projeto daquele tamanho só teria sucesso e certamente só obteria financiamento se fosse um grande esforço colaborativo. A fusão era inevitável.

Ron ficou bastante contrariado, especialmente com Rai. "Ele foi contra, basicamente, todas as minhas ideias. Intrometia-se na coisa e queria fazer tudo diferente... O que me aborreceu foi que nas reuniões que tínhamos juntos ele vinha com inúmeros planos sofisticados, com datas e tudo o mais, e eu via que ele estava tentando controlar tudo. No entanto, as técnicas que funcionavam eram as que nós tínhamos desenvolvido. E eu não gostava disso." Ron acrescentou: "As ideias eram minhas ideias".

Mas Rai atribui sua confiança na tecnologia ao trabalho exemplar do grupo alemão. O protótipo deles era o melhor do mundo. Eles tinham compreendido completamente seu equipamento. Tinham atingido o desempenho que Rai havia previsto em seu obscuro relatório de progresso de 1972. Resumindo, Rai credita aos alemães a justificativa de seu Livro Azul. Na época da complicada conversa entre Kip, Rai e Ron na reunião sobre relatividade geral na Itália, o Grupo de Pesquisa Gravitacional do MIT, chefiado por Rai, já havia completado o estudo industrial com firmas de engenharia, que tinham testado o projeto dos elementos e, essencialmente, precificado os componentes. Todos os aspectos do ifo haviam sido examinados. Os tubos, as edificações, o laser e as fontes foram meticulosamente pesquisados por esses parceiros industriais, e após três longos anos Rai sintetizava os resultados em especificações, com seus colegas do MIT Peter Saulson e Paul Linsay, nas 419 páginas do Livro Azul. "Um estudo de um sistema para uma antena de onda gravitacional de longa base" foi submetido à NFS em outubro de 1983. A estimativa era de quase 100 milhões de dólares para dois instrumentos na escala quilométrica, de configuração básica. Eles não seriam construídos nesse orçamento. A estimava ainda era baixa em larga margem. Mas a conversa finalmente começava a entrar na realidade.

No resumo do Livro Azul lê-se: "A conclusão positiva deste estudo pode ter sido antecipada. Poderia ter sido de outra forma: o conceito básico poderia ser falho, a tecnologia poderia ser inadequada, os custos poderiam ter ficado além do razoável. Nada disso parece ser o caso".

O Livro Azul de maneira alguma era uma garantia de concessão de apoio — ele estabelecia com rigor a viabilidade dos objetivos experimentais — nem o estudo industrial era uma proposta.

Rai, Ron e Kip, durante os meses subsequentes à apresentação do Livro Azul, esforçaram-se para formular um acordo quanto ao desenvolvimento do plano. Seguiram-se instigantes apresentações na NFS. Kip os inspirava com sua promessa da astrofísica. Ron os encantava com seu suave sotaque e seus sonhos de um projeto criativo, como um fiandeiro de lindas histórias. O ponto central estava estabelecido. Eles podiam fazer isso, construir um dispositivo que gravasse o som dos céus.

Pouco depois, o projeto finalmente tinha um nome: LIGO. Rai assumiu a responsabilidade pelo nome. Kip queria chamá-lo de "detector de feixe". Rai achou que soava demais a ficção científica. Chegou a outra coisa sentado na mesa da cozinha, explorando acrônimos: observatório de ondas gravitacionais com interferômetro de laser. O 'o' da sigla custou caro depois, e lhes causou "inacreditável sofrimento", praticamente o derrubando. Mas essa mágoa seria resolvida vários anos depois, diante do Congresso.

Rai pôs o pequeno ifo de 1,5 m no lixo e construiu um protótipo industrial de cinco metros a fim de desenvolver componentes para o campo. O instrumento funcionou na ala F do Plywood Palace até a semana em que o prédio foi demolido. Hoje existe uma reconstrução biônica junto à rede de salas em forma de favo, onde Rai me mostra sua relíquia, um alto-falante Altec Lansing, do Brooklyn Paramount. Cientistas grassam na agora maciça estrutura, amputando as velhas tecnologias e enxertando as novas.

Nenhum arranjo formal foi feito, mas Rai diz: "O que aconteceu foi que demos a impressão de ser um grupo, nós três — Kip, Ron e eu. Nós [finalmente] formávamos uma estranha organização. A Troika".

Kip me garante: "Havia muito mais do que isso". Um relato mais detalhado atribuiria a formação da Troika a pressões durante vários anos, culminando no outono de 1983. "A criação da colaboração MIT-Caltech foi muito complexa. E torturante", sou informada.

Entre esses elementos iniciais, alianças e mudanças de poder que configuram a história, um eixo seria vital: o jogo tinha começado.

8. A escalada

A astrônoma Jocelyn Bell Burnell disse sobre Ron Drever: "Ele realmente curtia ser tão engenhoso". Ela tinha ido da Irlanda do Norte para Glasgow para estudar física e Drever foi arbitrariamente designado para ser seu supervisor. Ele contava a seus poucos orientandos as ideias mais interessantes que surgiam em sua mente, inclusive as que levaram ao experimento de Hughes-Drever (embora ela não tivesse se dado conta de que ele o realizara no quintal da propriedade rural de sua família), mas nenhuma delas os ajudasse a passar nos exames. Após a frustração inicial, ao ver que ele não ia ajudá-la em seu dever de casa de física de estado sólido, ela acabou admirando seu profundo entendimento de física fundamental e seu notável talento como pesquisador. Drever, por sua vez, seria influenciado pelas iminentes e vitais descobertas de sua ex-aluna de graduação. Sobre Bell Burnell, disse: "Ela também era obviamente melhor do que a maioria deles... Então cheguei a conhecê-la muito bem". Drever escreveu uma carta de recomendação para apoiar o pedido de emprego dela à principal instalação de radioastronomia na Inglaterra, em meados da década de 1960, Jodrell Bank. Mas, ele continua, "não a admitiram, e a história conta que foi porque era mulher. Mas isso não é oficial, você sabe. Ela ficou muito desapontada". Drever acrescenta, esperando que se reconheça a obviedade daquele absurdo: "Sua segunda opção era ir para Cambridge. Vê como são as coisas?". Ele considerou isso uma reviravolta muito fortuita. "Então ela foi para Cambridge e descobriu pulsares. Vê como são as coisas?", ele diz, rindo.

Mais tarde na carreira, Jocelyn Bell Burnell passou para a astronomia de raios X, trabalhando na equipe que construiu o satélite britânico *Ariel*. Em 10 de outubro de 1974, nas primeiras horas da manhã, o *Ariel* foi lançado com sucesso, e ao meio-dia ela ouviu o anúncio do prêmio Nobel pela descoberta dos pulsares. Dois pontos dessa história tiveram um significado especial para Bell Burnell. Um era que o comitê do prêmio finalmente reconhecera a astrofísica como um subcampo merecedor do Nobel de física. Na década de 1920, Edwin Hubble não tivera sucesso em sua campanha por essa mudança. O outro era que ela não estava entre os ganhadores. O prêmio foi para Antony Hewish e Martin Ryle.

Então uma estudante de pós-graduação em Cambridge de 24 anos, Bell Burnell e seu orientador Antony Hewish estavam procurando quasares, fontes brilhantes de rádio* que pareciam ser do tamanho de estrelas. Na época em que ela alocava antenas de rádio no campo, os quasares ainda eram chamados de objetos quase estelares no rádio, e as fontes eram um mistério. As antenas de rádio funcionavam bem para descobrir quasares, mal para determinar seu tamanho e brilhantemente para mudar o destino da astrofísica. Entre os quasares detectados havia muitas falhas e pe-

* Essas fontes são brilhantes na faixa de frequência das ondas eletromagnéticas correspondente às ondas de rádio. (N. R. T.)

culiaridades gravadas em montes de papel gráfico, quantificados pelo comprimento desse papel. Ela tinha examinado centenas (milhares?) de metros de papel meticulosamente. A maior parte das anomalias era atribuível a fontes humanas ou a alguma forma de interferência de detector. Mas um sinal engraçado permanecia. Ela ficou convencida de que a fonte era de origem astronômica. E a constatação de que tinha visto algo verdadeiramente importante veio gradualmente. Como com frequência é relatado, a regularidade do sinal acabou granjeando para as fontes, para uso interno, o apelido de LGM, "little green man" [homenzinho verde]. Descobriu-se que eram relógios ainda mais precisos do que os fabricados pelas civilizações dos homenzinhos verdes. Estes seriam os pulsares.

Pulsares são estrelas de nêutrons altamente magnetizadas que giram depressa. A força desses gigantescos ímãs astronômicos é milhões, bilhões ou, num extremo, trilhões de vezes maior que a do campo magnético da Terra. Uma estrela de nêutrons com menos do dobro da massa do Sol e com menos trinta quilômetros de diâmetro completa aproximadamente um giro por segundo, enquanto outras giram muitas centenas de vezes por segundo. Partículas aceleradas até quase a velocidade da luz ao longo do campo magnético emitem radiação, criando um feixe de luz como o de um farol que varre o espaço em volta, quando esferas quase perfeitas de material nuclear condensado giram. É famosa a noção de que uma colher de chá de uma estrela de nêutrons teria a massa de uma montanha na Terra. O empuxo gravitacional seria tão forte em sua superfície que uma pessoa essencialmente ia se liquefazer e se fundir com o invólucro nuclear da estrela. Como resultado dos fortes efeitos gravitacionais, uma estrela de nêutrons não tolera imperfeições. O empuxo gravitacional se sobrepõe à elevação de quaisquer formações montanhosas. As imperfeições na superfície de uma típica estrela de nêutrons são tão pequenas que uma irregularidade com dez centímetros é classificada como uma montanha, embora isso dependa de detalhes desconhecidos sobre a crosta da estrela de nêutrons. Elas giram com muita harmonia, criando um sinal periódico nos dados do feixe emitido que é assustadoramente regular no tempo. Quando o feixe se move rapidamente e passa em sua varredura pela Terra, o efeito é o do tiquetaquear de um relógio extremamente preciso, em alguns casos mais que os mais acurados relógios atômicos. Claro que quando Jocelyn Bell Burnell descobriu o primeiro pulsar, em 1967, tudo o que ela conseguiu deduzir com certeza foi que havia uma série muito regular de pulsos, com pouco mais de um segundo de intervalo, e que ela estava vindo do céu.

Quando uma segunda série apareceu nos dados, "foi um doce momento", ela disse. Esse é o momento em que algo fora do padrão começa a adquirir a configuração de uma descoberta. "Tendo visto uma vez um sinal desalinhado, abri a mente para ver mais." Bell Burnell encontrou os primeiros quatro pulsares já descobertos.

Um ano depois, um pulsar foi descoberto no centro da Nebulosa do Caranguejo, luminoso remanescente ejetado durante a explosão de uma supernova. A Nebulosa do Caranguejo foi avistada da Terra e anotada em registros históricos como evento astronômico em 1054. A implicação: estrelas de nêutrons são o núcleo desmoronado que resta depois que uma estrela moribunda explode. Daí extrapolamos agora que há centenas de milhões de estrelas de nêutrons em nossa galáxia, e cerca de centenas de milhares dessas são pulsares.

Hewish não precisa defender sua credibilidade como laureado de prêmio Nobel. Como orientador, ele atribuiu uma tarefa à sua estudante — mesmo que essa tarefa fosse procurar quasares. Mais difícil de entender é a omissão de Jocelyn Bell Burnell da lista de agraciados. Eu perguntei a ela se achava que seu ex-orientador deveria ter feito algo mais, e Bell Burnell disse, sem ressentimento: "Se você ganha um prêmio, não é tarefa sua explicar o motivo". Ela acrescentou também que aquela omissão funcionou a seu favor. Continua a receber aparentemente todos os outros prêmios, medalhas, honrarias e galardões já inventados. Uma compensação razoável, Bell Burnell parece insinuar. Ela é dama comandante da mais excelsa ordem do Império Britânico, membro da Sociedade Real, presidente da Sociedade Real de Edimburgo e membro da Sociedade Astronômica Real, além de ter acumulado muitas medalhas de mérito, dezenas de doutorados honoríficos etc.

Os pulsares assumiram uma posição no debate teórico. O feixe de farol de estrelas de nêutrons foi localizado na própria Via Láctea, a uma distância de algumas centenas de anos-luz. O meio século de especulações sobre o estado final de um colapso gravitacional, questão que Wheeler priorizou sobre todas as outras, trouxe os astrônomos a essa conjuntura. Os pulsares foram a primeira evidência de que as estrelas de nêutrons eram reais. Se estrelas de nêutrons podem se formar como o estado mortal de um colapso estelar, então os buracos negros também podem. Einstein refutou os buracos negros, que ainda não tinham esse nome, por serem soluções matemáticas interessantes, mas de aplicabilidade restrita. A matéria resistiria a um colapso tão catastrófico. Os arquitetos das armas nucleares vieram a pensar de outra maneira. Um remanescente de ciclos violentos depois do declínio de uma estrela que fosse maciça o bastante sucumbiria a um colapso absoluto, passando num sopro pelo estado de estrela de nêutrons, e continuaria a cair, deixando um buraco negro em sua esteira. Mas nada como a simples e direta observação para finalmente resolver um impasse teórico. Jocelyn Bell Burnell encontrou evidência de uma estrela de nêutrons. Além do puro e intrínseco fascínio daquela descoberta, havia a promessa de mais ainda: buracos negros.

(Reporta-se que um ilustre colega a interceptou numa reunião para declarar: "Srta. Bell, você fez a maior descoberta astronômica do século xx".)

Conquanto os pulsares tivessem tornado os buracos negros mais plausíveis, observadores teriam de pacientemente acumular dados durante décadas até que a maioria concordasse com isso. Existe um buraco negro astrofísico real na direção da Constelação do Cisne, uma configuração arbitrária de estrelas, como são todas as constelações — algumas das estrelas que compartilham a linha fronteiriça da mesma constelação estão milhares de anos-luz mais afastadas no espaço do que outras. As estrelas se dispõem de forma ilusória quando falsamente projetadas na superfície do céu. Alinham-se com uma organização fortuita o bastante para Ptolomeu unir os pontos num modelo com detalhes pouco essenciais que evocassem um cisne, no nome latino da constelação, Cygnus.

O buraco negro ganha um nome somente dele, ou derivado do nome da constelação. Neste caso, nós o chamamos de Cygnus X-1. E esse sugestivo rótulo indica a direção do buraco negro e a natureza da descoberta, porque os nomes astronômicos precisam ter um propósito informativo. O buraco negro está num sistema binário, isto é, a estrela morta não está sozinha. Ela tem uma companheira, uma estrela azul grande e viva. O binário emite copiosamente raios X, luz de energia extremamente elevada, o bastante para penetrar em seus tecidos macios, mas não tanto que possa penetrar em seus ossos. Você pode fazer um retrato de sua estrutura esquelética com a luz que vem de Cygnus X-1.

Descoberto em 1964, o buraco negro na Constelação do Cisne foi indiscutivelmente o primeiro já descoberto. Mas a controvérsia quanto à viabilidade do colapso gravitacional até a catástrofe total é que a questão da sua existência não foi resolvida até a década de 1970, com uma minoria resistindo até a década de 1990. Uma grande estrela azul — uma supergigante — orbita muito próxima do buraco negro, que tem cerca de quinze vezes a massa de nosso próprio Sol. A atmosfera da supergigante azul sopra para dentro do buraco negro, e esse vento cai em órbita e cria um disco fino de material que orbita o buraco e escoa gradualmente, cruzando o horizonte do evento. O buraco negro vai consumindo devagar sua companheira e no processo a matéria atraída se aquece a milhões de graus — e, quando as coisas ficam quentes, elas brilham. Toda a região em torno do buraco negro brilha intensamente em raios X emitidos pelo material que está sendo atraído.

Na realidade, o par está a cerca de 6 mil anos-luz do sistema solar, sua localização física sem relação com a posição efetiva das outras estrelas da constelação, como já foi dito, unidas apenas na mesma direção aproximada. O buraco negro e a supergigante azul percorrem uma órbita plena aproximadamente a cada cinco dias. O assombro não cessa nunca.

Alguns astrônomos excessivamente cautelosos podem ainda chamar o objeto compacto em Cygnus X-1 de "buraco negro putativo", "o alegado buraco negro", "o suposto buraco negro". Não se pode ver um buraco negro, apenas o efeito que o espaço-tempo curvo tem sobre a matéria, e daí extrapolamos que o objeto no centro do transbordamento viscoso de matéria quente que foi extraído como que por sifão da supergigante azul é tão pequeno (aproximadamente 88 km de um lado a outro) para algo tão pesado (pelo menos quinze vezes a massa do Sol) que tem de ser um buraco negro. Esses imoderadamente prudentes observadores são poucos, é certo, mas a questão permanece no ar. Nós nunca *vimos* um buraco negro.

Os objetos de rádio quase estelares que Hewish e Bell Burnell se dispuseram a investigar, mais tarde chamados quasares quando sua origem extragaláctica se tornou aparente, pareciam ser brilhantes e pequenos, como estrelas, mas estavam espalhados fora do plano da galáxia, o que era um indício de que os quasares na realidade não ficam aqui na Via Láctea. Estão a uma distância da ordem de 1 bilhão de anos-luz ou mais, o que significa que são velhos — tendo a luz viajado bilhões de anos para chegar até aqui — e raros —, o que quer dizer que o universo já não os fabrica tanto quanto costumava.

Quasares são a emissão energética do núcleo inteiro de uma antiga galáxia com brilho forte o bastante para que a vejamos a distâncias tão consideráveis. Um (putativo, alegado, suposto) buraco negro supermaciço com milhões ou bilhões de vezes a massa do Sol arrasta consigo um análogo galáctico como madeira à deriva numa torrente, estrelas inteiras, gás e detritos que residem no cerne astronômico da galáxia, efêmeros componentes da formação do conglomerado, todos numa massa confusa e quente que segue cambaleando para o esquecimento. O buraco negro é capaz de fazer girar esse miasma criando um jato luminoso que é propulsado a uma distância de milhões de anos-luz, um sinal cosmológico que vimos da Terra pela primeira vez na década de 1960, sem saber o que poderia ser.

Quasares são uma espécie de núcleo galáctico ativo, todo ele energizado por buracos negros supermaciços. Com a massa de 1 bilhão de sóis concentrada numa área do tamanho de nosso sistema solar, o núcleo galáctico ativo é como uma pesada âncora, onde se acumula um centro denso e populoso. Poderia haver dezenas de milhares de buracos negros menores e outras estrelas mortas, e algumas vivas, orbitando o núcleo. O supermaciço buraco negro pode ter sua própria origem nas sementes deixadas por estrelas mortas, em buracos negros de massa estelar que colidiram, fundiram-se e aumentaram para formar o núcleo elefantino da galáxia.

Muito provavelmente tudo o que aprendemos sobre esse universo específico, os detalhes de sua paisagem e seus habitantes reais, sua história e sua anatomia, foi-nos trazido por astrônomos em sua observação e por físicos experimentais que colhem luz — quase sempre luz, embora às vezes também partículas — de eventos luminosos que ocorreram desde perto da origem do universo até hoje e que decodificam a informação sutilmente infundida na cor, na intensidade, na direção e nas variações da luz através do espectro, para reconstruir um mapa detalhado do universo, que se estende por mais de 45 bilhões de anos-luz em todas as direções, e cujo tique-taque recua no tempo cerca de 14 bilhões de anos. Em tudo isso, em todo esse imenso volume, que é tudo o que somos capazes de ver, meu domínio favorito a ser explorado é o da escuridão total, o espaço vazio, o vácuo, a grande expansão do nada, do espaço e do tempo puros.

Buracos negros são escuros. Essa é sua essência. É a característica definitória que lhes dá nome. São escuros contra um céu escuro. São uma sombra contra um céu claro. Um telescópio os achará em seu estado puro. Como a luz é o arauto de quase toda a informação extrassolar, quando se trata de buracos negros nus — solitários demais para soltar detritos em quantidade suficiente —, em sua obliterante escuridão, é praticamente impossível observá-los, mas não totalmente.

Vemos evidência de buracos negros destruindo estrelas em sua vizinhança. Vemos evidência da existência de buracos negros supermaciços no centro de galáxias, sua localização marcada de modo escuro e nada espetacular por estrelas em sua órbita. Vemos evidência de buracos negros potencializando jatos com dimensão de milhões de anos-luz, visíveis nas mais longínquas galáxias do universo observável. Mas nunca *vimos* realmente um buraco negro, o que só faz aumentar a excitação ante a perspectiva de ouvi-los.

Deve haver buracos negros lá fora que nunca poderemos ver. Estão sozinhos. Ou na órbita de outro buraco negro. Nada cai dentro deles. Nada brilha com claridade o bastante, com proximidade o bastante. Não podemos decifrar a sombra, ao menos por enquanto. Mas, se os buracos negros colidem, podemos ouvi-los fazer soar o espaço e o tempo, enviando ondas nas curvas do espaço-tempo através do universo, viajando na velocidade da luz. Se os observatórios gravitacionais tiverem êxito e nós, mesmo marginalmente, distinguirmos as reverberações do ruído, poderemos gravar os sons de estrelas que explodem em seus segundos finais antes do colapso. Poderemos gravar os sons de imperfeições arranhando o espaço-tempo enquanto estrelas de nêutrons giram. Poderemos gravar os sons de estrelas de nêutrons colidindo, possivelmente formando buracos negros. E poderemos gravar os sons de buracos negros colidindo para formar silenciosos buracos negros mais pesados, emitindo 1 bilhão de trilhões de trilhões de trilhões de watts de potência em ondas gravitacionais.

Sendo uma dos autodenominados "crentes da radiação gravitacional", Bell Burnell foi fisgada pela descoberta do pulsar Hulse-Taylor. Russel Alan Hulse e Joseph Hooton Taylor Jr. receberam o prêmio Nobel de física por sua medição que confirmou a existência de ondas gravitacionais, ainda que indiretamente, por dedução. Hulse e Taylor observaram com muito detalhe, durante vários anos, a órbita de um sistema conhecido nos catálogos como PSR B1913+16. (PSR = pulsar. Os números denotam a ascensão reta, a declinação e as posições angulares, apontando assim a direção no céu.) Eles observaram uma estrela morta compacta, uma estrela de nêutrons, a 21 mil anos-luz de distância, enviar pulsos de rádio para a Terra dezessete vezes por segundo. A estrela de nêutrons é um ímã gigantesco que consegue afunilar radiação num feixe estreito e projetá-lo em varredura à medida que gira, como se fosse um farol. Ou seja, é um pulsar. Medindo cuidadosamente as modulações no pulso, eles deduziram que o pulsar estava numa órbita a 7,75 horas de outra estrela de nêutrons menos conspícua. Isso por isso só já era fenomenal. Então eles observaram que a órbita do pulsar decaía sempre, lentamente, com uma translação completa sendo feita com 76,5 microssegundos a menos a cada ano, e deduziram que a energia devia estar sendo drenada da órbita devido à dissipação.

A perda de energia era exatamente a que fora predita na teoria de gravitação de Einstein. As estrelas de nêutrons em órbita arrastam com elas as curvas no espaço-tempo e bombeiam energia em forma de ondas na geometria do espaço-tempo. Ou, mais claramente, a energia perdida é carregada para fora em ondas gravitacionais, no som do espaço-tempo. Teoria e experimento se encaixam firmemente nessa afortunada observação.

Em aproximadamente 300 milhões de anos, o par perderá energia para ondas gravitacionais, o bastante para cair junto e colidir, e as horas finais seriam em princípio detectáveis por um observatório como o LIGO se os humanos ainda estiverem por aqui operando observatórios astronômicos baseados na Terra, o que é ridiculamente improvável por todo tipo de razão. Mas até lá, até a hora final, as ondas gravitacionais estarão fracas demais para ser medidas aqui na Terra. Não temos a ambição de ouvir o pulsar de Hulse-Taylor. Estamos atrás de outros como ele, de combinações colidentes de estrelas de nêutrons e buracos negros, pares nos minutos finais de sua existência, quando o ruído é suficientemente alto para que captemos o som com nossas máquinas, distantes algumas centenas de milhões de anos-luz ou mais. Podemos ver estrelas de nêutrons em nossa própria galáxia, mas elas são intrinsecamente muito fracas para ser obervadas a uma distância de milhões de anos-luz. Como comparação, o pulsar Hulse-Taylor está a somente 21 mil anos-luz de distância, dentro dos limites da Via Láctea. Assim, astrônomos munidos de telescópios captadores de luz não conseguirão tirar fotos da maioria dos pares compactos antes de colidir. Primeiro teremos de ouvi-los.

Não podemos alegar que tenha sido diretamente testemunhado que as ondas gravitacionais do pulsar de Hulse-Taylor dispersam a energia. Só podemos dizer que as predições para o declínio gradual da órbita existem e são perfeitamente explicativas, o que leva a uma simples dedução: as ondas gravitacionais devem ter carregado energia de lá. Presumivelmente. É uma aposta muito boa. Valendo 1 bilhão de dólares.

9. Weber e Trimble

Enquanto Joe Weber ficava sozinho na floresta em sua instalação desautorizada, o LIGO obtinha um significativo compromisso de suporte de seu financiador prévio, a NFS. Enquanto Joe mantinha o estilo "faça você mesmo" com suas barras, a Caltech e o MIT organizavam um campo básico, reuniam o que era essencial e preparavam a estratégia para uma longa campanha. Enquanto Joe reunia dados de vinte anos, evidências de sua desdenhada realização, os artigos nos periódicos faziam soprar os ventos de uma nova era experimental da qual ele não fazia parte.

Kip o conheceu em meados da década de 1960, antes que seu controverso resultado experimental fosse anunciado. John Wheeler tinha se interessado por Joe, e foi assim que Kip teve contato com ele. Joe ainda não era uma pessoa rabugenta e intratável. As caminhadas juntos pelos Alpes continuavam. Eram, em algum nível, amigos.

Eu perguntei a Kip: "Ele exagerou nos argumentos?".

Kip riu. "Não, porque ninguém estava discutindo com ele."

"Percebi alguma inveja por parte dele", eu disse.

"Ah, sim, havia um bocado de inveja. Isso era um problema."

"Senti muita paranoia e reclamações pertinentes, tudo misturado."

"É como essas coisas sempre são. Emaranhadas."

No momento em que Kip gravou sua conversa no escritório de Joe, em 1982, Joe já devia saber que a Caltech estava seguindo em frente com a nova tecnologia dos ifos. Ele logo seria vencido novamente. Kip disse: "O mais triste em tudo isso é que Joe era muito respeitado pelo que tinha feito, mas não parecia saber disso".

Eu ouvi as entrevistas de Kip nos arquivos da Caltech, localizados num prédio com excessiva preocupação com a segurança, incongruentemente localizado num andar subterrâneo dominado por laboratórios. O clique inicial do gravador faz irromper um estalo que se organiza em estática. Presumo que estavam gravando na sala de Joe na Universidade de Maryland. Posso imaginar o lugar, a decoração entrópica, os arquivos de metal padrão e pilhas de papel. Esforço-me por ouvir Joe, que pode ou não estar vagando pela sala, descrita pela imprensa como uma confusão de pilhas de papel. Joe diz que era aniversário de seu irmão, 20 de julho de 1982, definindo-se como o mais novo de quatro irmãos. Desse modo que todos usam para abrir uma conversa, com amenidades, eles começam.

Joe conta sua trajetória profissional. Ele soa como um homem inocente numa entrevista criminal, reduzida de múltiplas entrevistas criminais idênticas, recontando rotineiramente a história que já contou vezes sem conta a um público real ou para si mesmo, sobre seus alegados crimes. A narrativa é rotulada ocasionalmente com explicações de como ele chegou até ali. Kip recebe de Joe uma evidência acumulada durante anos, evidência a ser reunida para sua defesa contra acusações que Kip não tinha levantado. Durante aproximadamente uma hora, Kip aceita verificações de dados, citações de propostas, seleções de publicações e exposições detalhadas de especificidades técnicas que corroboram as alegações de Joe. A fita é parada e reiniciada algumas vezes, quando vão vasculhar o escritório em busca de documentos.

Cautelosamente, Kip diz à figura mais controversa em sua vida profissional: "Voltando ao início, usando seus próprios termos, você entrou na questão da onda gravitacional em parte porque era um campo não controverso...". Talvez esse assunto tenha desencavado algum sentimento de rancor. Em seu desapontamento, Joe ficara esvaziado. Mas sua acrimônia é uma motivação para ele.

Joe diz: "No jornal *Science* de 15 de maio de 1981, uma página inteira foi dedicada a uma denúncia contra mim e a provar que Garwin era um cientista muito melhor e maior. Ele realmente fez o trabalho mais importante na radiação gravitacional e demoliu tudo o que eu já tinha feito... O fato é que a física que estou fazendo agora é a física mais excitante que já fiz em toda a minha vida... Não está sendo anunciada primordialmente porque quero me proteger de qualquer abuso... Penso em termos de pegar os abutres pendurando um pedaço de carne à sua frente, deixando cair e então correndo como o diabo e assumindo um outro campo ou empreendimento, mas é... é... toda essa coisa desagradável certamente não afetou minha saúde, mas é lamentável. Isso tem prejudicado membros da minha família e acho isso muito injusto...".

Joe levou aquele artigo a um advogado da família, que lhe sugeriu que abrisse um processo. Foi-lhe dito que poderia obter uma indenização de 10 milhões pelo libelo, mas que isso exigiria pelo menos cinco anos de dedicação, e Joe não estava disposto a ir aos tribunais. "É uma questão de o que você quer fazer com sua vida", ele diz.

Joe continua a pressionar: "A certa altura, meu superior aqui me deu duas semanas para limpar a mesa. Em outro momento, Dick Garwin escreveu uma carta para a administração da Universidade da Califórnia" — Weber tinha um cargo de meio período na UC Irvine, para poder ficar perto de sua mulher, a professora

Trimble — "e o vice-reitor me chamou e disse que eu poderia ser despedido em duas semanas. Ele tinha a carta, e eu poderia ser despedido em duas semanas. E posteriormente eu fui, não fui chutado de qualquer um dos dois lugares. Mas, meu Deus!

"Simplesmente não consigo entender a veemência e a inveja profissional, e por que todo mundo precisa achar que tem de cortar meio quilo da minha carne. Ah, é um desperdício de esforço. Estou bem de saúde. Boltzmann cometeu suicídio por esse tipo de tratamento. Mas eu não tenho tendências suicidas, eu só, ah, fico me perguntando qual é a razão de tudo isso..."

Kip: "Bem, Joe, eu realmente estou tentando manter um registro honesto de tudo isso e cumprir meu papel. [Joe interrompe com ruídos que expressam rejeição ou agradecimento, não fica claro.] Respeito imensamente sua contribuição por ter conseguido... por ter iniciado este campo e apontado a direção que todos os outros ainda estão seguindo, o que fala por si só".

Joe: "Sim, mas volta e meia as pessoas têm de arregaçar as mangas e se levantar e ser levadas em conta... Provavelmente não vão me despedir... Se você faz ciência, o principal motivo disso é o prazer, e se você não tem prazer com isso não deveria fazer. E eu tenho prazer com isso".

Kip: "Concordo plenamente com essa filosofia".

Joe: "É o melhor que se pode fazer".

Joe fica mais animado após ter expressado suas queixas, sugere a Kip uma volta pelo laboratório e então começa a listar o que tem lá para ver. "Bem, seja como for, eu ficaria feliz em levar você para dar uma volta aqui. Deixe que eu lhe diga o que temos. Um totalmente operacional..."

A fita acaba aqui. Reponho essa tecnologia fora de moda em sua caixinha fora de moda, devolvendo a geringonça ao arquivista da Caltech. Deixo a biblioteca de madeira atravessando o esôfago incongruentemente rude do labiríntico laboratório, subo por um elevador de acabamento residencial e saio do prédio para o indefectível calor de Pasadena e o caminho até a Red Door, a porta vermelha, para meu encontro com Kip.

Antes de Kip ir embora eu pergunto: "Você sabe daquela carta de Freeman Dyson?".

"Que carta?"

"Ah, é terrível. Freeman, se sentindo responsável por ter incentivado Joe, escreveu uma carta implorando que ele se retrate."

Kip ri, claramente chocado, e diz: "Uau, ele deve ser uma pessoa muito… ah … otimista".

Eis a carta:

Caro Joe,

Tenho observado com medo e angústia o desmoronar de nossas esperanças. Sinto-me consideravelmente responsável por tê-lo aconselhado no passado a "arriscar a pele". Ainda hoje considero você um grande homem injustamente tratado pelo destino e estou ansioso por salvar o que quer que possa ser salvo. Assim, ofereço-lhe novamente meu conselho, no que lhe puder ser útil.

Um grande homem não tem medo de admitir publicamente que cometeu um erro e que mudou de ideia. Sei que você é uma pessoa íntegra. É forte o bastante para admitir que está errado. Se fizer isso, seus inimigos vão se regozijar, mas seus amigos vão se regozijar ainda mais. Você vai se salvar como cientista e descobrir que aqueles com cujo respeito vale a pena contar vão respeitá-lo por isso.

Escrevo agora com brevidade porque longas explicações não tornariam esta mensagem mais clara. O que quer que decida, não lhe darei as costas.

Com os melhores votos
Seu amigo,
Freeman
(5 de junho de 1975)

No inverno de 2000, Joe Weber escorregou no gelo em frente ao prédio do laboratório de pesquisa sobre gravidade, em Maryland. Para manter um observatório que de outra forma não seria mantido por ninguém, ele fazia um trabalho braçal que um homem de 81 anos não deveria fazer. Joe estacionou o carro no topo da colina, com a intenção de fazer o resto do caminho a pé. Isso foi dois dias antes de ser encontrado com vários ossos fraturados e uma infiltração no peito que permitiu que um linfoma se apoderasse dele. Seus ossos e pulmões nunca sararam completamente. Oito meses depois, em 30 de setembro, sua mulher, Virginia Trimble, recebeu no meio da noite uma ligação telefônica do hospital, a tempo de escrever o obituário dele para a edição daquela manhã do *Boletim da Sociedade Astronômica Americana*.

Virginia Trimble tinha decidido, muito antes da morte do marido, não despender sua energia em defesa da versão dele. "Ciência é um processo de autocorreção, mas não necessariamente durante a própria vida de alguém", ela me disse corretamente quando nos encontramos na sala de computadores do campus da UC Irvine. Ela diz que tanto a posição dela hoje como a dele então era que Weber tinha detectado alguma coisa, mas não ficava claro se eram efetivamente ondas gravitacionais. A falha em todas as controvérsias fora que nunca tinha havido outra "cópia em carbono", uma réplica exata de seu instrumento funcionando nos mesmos tempos, uma linha de comparação realmente rigorosa, literalmente, de alhos com alhos.

"O ponto de vista de Joe é que ninguém nunca tinha realmente repetido o que ele fizera, então as alegações de inconformidade não eram totalmente honestas. Os dois grupos que haviam feito os experimentos mais semelhantes — um no Japão e um em Roma, pelo falecido Eduardo Amaldi — tinham visto eventos parecidos com os de Maryland. Realmente, existem alguns artigos que relatam coincidências entre Roma e Maryland no tempo da

SN 1987a [uma explosão de supernova próxima o bastante para ser vista a olho nu em 1987]. Ainda no início de todo o processo, antes do encontro de Copenhague em julho de 1971, Vladimir Braginsky enviou a Joe um cartão-postal no qual dizia que tinha confirmado os resultados. Braginsky não havia obtido um visto de saída e não estava em Copenhague. Bem, *talvez* ele tenha querido dizer que 'repetira o experimento'. Seja qual for o caso, está claro que mudou de ideia depois. Tentei exibir o postal em minha palestra no último simpósio da Texas, em São Paulo, em dezembro de 2012, mas os instrumentos de projeção o mostraram de cabeça para baixo e invertido."

Virginia mostrou-me uma cópia escaneada do original, um alegre postal de fim de ano, com selos colados no verso, em que Braginsky tinha escrito:

Caro professor Weber,

Desejo-lhe um feliz Ano-Novo. Espero vê-lo na Dinamarca para dizer que confirmei seus experimentos.

Sinceramente seu.

E parece que ele assinou o cartão à mão, "Braginsky". "Confirmei seus experimentos" bem poderia significar "repeti seus experimentos", como atesta Virginia. (Braginsky logo publicou resultados negativos, os quais suscitaram "uma briga bastante séria" com Weber.) Eu tive dificuldades para identificar a data no postal, mas Virginia põe no contexto o encontro na Dinamarca: "Mil novecentos e setenta e um. Isso foi antes de eu conhecer qualquer um dos dois".

Em nome da exatidão histórica, Braginsky obteve, sim, um visto de saída e Kip lembra-se vividamente de sua presença na conferência. Houve até mesmo uma dramática altercação, quando discursos antissoviéticos fizeram toda a delegação do país retirar-se da sala de conferências. A pedido de Kip, Braginsky voltou para fazer um discurso de conciliação, devido ao qual foi alvo de algumas acusações mais tarde. À parte essa digressão, Virginia observa que a conferência ocorrera, como foi dito, antes que conhecesse qualquer um dos dois.

Ela o chamava de Weber e ele a chamava de Trimble. Casaram-se em março de 1972, depois de três fins de semana juntos. "Para Weber nunca foi problema tomar uma decisão", ela ri. Vinte e três anos mais velho do que ela, ele sempre insistiu em que a mulher fizesse o que queria e precisava fazer. Talvez em parte com base na experiência com a primeira mulher, Anita — que, embora fosse uma física, fizera uma interrupção interminável [na carreira] para criar seus quatro filhos —, o viúvo não tinha reservas quanto ao trabalho de Virginia, sua independência, ou seu Q.I. (Estratosférico. Numa revista *Life* com capa hoje considerada clássica, num artigo intitulado "Por trás de um rosto encantador, um Q.I. de 180" sobre uma destacada astrofísica então com dezoito anos, ela é citada como tendo classificado os homens com quem saía em três tipos: "Caras que são mais inteligentes do que eu, e destes encontrei um ou dois. Caras que pensam que são — estes constituem uma legião. E os que não dão importância a isso".)

Desapontada com o declínio de um relacionamento, Virginia tinha decidido casar-se com o próximo homem que fizesse o pedido. Ela deu a seu pretendente anterior uma oportunidade de intervir. Escreveu-lhe uma carta na qual declarava: "Vou me casar com Joe Weber. Se você quiser me deter, ligue para mim na Califórnia". Mas Virginia não sabia que ele tinha ido para Princeton, outro desapontamento, já que cada um havia prometido que contaria ao outro sobre seus planos de viagem, e o homem não recebeu a carta. Ou assim espera. Embora ainda sejam amigos, não teve coragem de perguntar.

Casou-se com Joe, como planejado. "Ambos sentimos que aproveitamos o que havia de melhor no acordo. Concordamos em muita coisa, como os benefícios de acordar cedo e tomar um bom café da manhã. E, quando um homem aparece num restaurante com alguém que parece uma esposa-troféu, ele sempre consegue uma mesa."

Uma noite Joe deixou do lado de fora velas e fósforos para ver se Virginia saberia o que fazer com eles e descobriu que a mulher era capaz de cantar melodias de Kidush que ele desconhecia. Ela foi entrevistada por homens instruídos, fez uma Mikvah* com algumas outras mulheres, ou coisa parecida — não acompanhei essa parte muito bem pois não sou muito informada sobre as tradições —, passou por uma prova oral e tornou-se judia. Embora tanto Joe como Virginia se proclamassem ateus, ele ficou orgulhoso de dizer a suas irmãs que estava se casando com uma boa judia. Ela mantém a tradição até hoje, conquanto não de maneira ortodoxa, e no dia de nossa conversa disse que estava ansiosa para participar do coral da sinagoga.

Os dois estavam decididos a ganhar a vida. O pai de Joe era carpinteiro que nunca aceitaria trabalhar fora de um sindicato. Quando os Weber encontraram sua mobília no gramado, deram-se conta de que ele devia ter deixado de pagar sua hipoteca. Virginia disse que se chegasse em casa e visse o carro do pai dela na entrada saberia que ele tinha sido novamente despedido. "Ele era um químico muito bom, mas um péssimo homem de negócios."

"As barreiras iam desmoronando à minha frente", ela declarou. Virginia sugere que seu financiamento independente, da fundação Woodrow Wilson, facilitou sua admissão na Caltech. Seu orientador, o famoso astrônomo George Abel, nomeou-a pa-

* Banho ritual de purificação, numa piscina de água corrente, prescrito na religião judaica, obrigatório para uma mulher às vésperas do casamento. (N. T.)

ra uma bolsa tradicionalmente reservada a humanidades, à qual estava qualificada, apesar de suas inclinações científicas, devido a seu conhecimento de hieróglifos e arqueologia. Quando estava na Caltech, ela posou (nua?) para a aula de desenho de Feynman. Também arrecadou centavos, ela diz, fazendo dublagens e comerciais. Era a "Miss Além da Imaginação" e percorreu inúmeras cidades para aumentar os índices de audiência. Era também uma boa astrônoma. As mulheres não tinham permissão para observar em Monte Palomar, até que Vera Rubin rompeu essa barreira um ano antes dela. No terceiro ano, tendo demonstrado sua tenacidade — especialmente manifesta no fato de que ainda não tinha se casado, suspeita ela —, foi-lhe concedida uma bolsa da NFS. Quando chegou à Caltech, ela ficou encantada. "Eu pensei: 'Olhem só esses homens adoráveis'." Aos setenta anos, em um vestido coral, com sapatos e batom da mesma cor, brincos em forma de lua e um anel de ouro com uma cabeça de animal, ela brilhava. Ainda tinha um belo rosto. E um Q.I. de 180.

"Bem, nós dois éramos um pouco 'aspérgicos', ambos um pouco velhos, suponho", ela diz, surpreendentemente franca. "Ele costumava dizer: 'A melhor coisa que me aconteceu foi casar com Virginia'. Nunca foi um problema pedir a ajuda dele. Quando caí e fraturei o quadril, em setembro, passei quatro dias no chão do apartamento cantando canções e recitando poesia até ser encontrada. Não quis pensar nos dois dias de Joe no gelo. Odeio o frio. Mas pensei: 'Isso não teria acontecido se ele estivesse aqui'."

"Joe alguma vez considerou juntar-se ao LIGO?"

"Ele não foi convidado, e não sei o que teria dito."

"Joe ficou frustrado com o sucesso do LIGO quanto ao financiamento?"

"Frustrado, não. Sentiu-se prejudicado. Weber sempre foi uma pessoa bem alegre. Se isso não fosse tão óbvio, eu não teria me casado com ele. As pessoas que trabalhavam para Weber o achavam muito atraente. Ele tratava todos bem. As secretárias o amavam.

"Weber transformava suas experiências desagradáveis em anedotas. Quando sobreviveu ao afundamento de seu submarino na Segunda Guerra Mundial, teve uma experiência de quase morte, com um macaco atirando cocos em cima dele na praia.

"Ele dizia que tinha inventado três grandes campos experimentais. A eletrônica quântica, a radiação gravitacional e uma detecção coerente de neutrino." (Para uma melhor compreensão, permitam-me dar um salto aqui e dizer que a primeira é uma verificada disciplina científica de inquestionável importância, pela qual Joe poderia ter sido incluído como ganhador do Nobel se os créditos tivessem sido distribuídos de modo diferente. A segunda ainda é controversa, e a terceira pode até ser inexoravelmente controversa.) Então Virginia acrescentou a alegação incontroversa pela qual Weber será lembrado: "O objetivo dele era trazer as equações de Einstein para o laboratório. Ele achou que foi, e creio que é razoável e honesto dizê-lo, bem-sucedido nisso".

10. O LHO

Os primeiros detectores do LIGO, construídos por volta de 2000, não ouviram ruídos cósmicos. Essa geração de instrumentos demonstrou que tal façanha tecnológica era possível, mas ela não era sensível o bastante para uma primeira detecção. Ou talvez não exista nada ali para ser ouvido. Dúvidas à parte, já estamos no topo, a superfície da Terra. O topo é um local, onde quer que estejamos. É também um tempo, em nosso futuro, quando máquinas avançadas são totalmente operacionais. Nessa ascensão, perdemos Joe Weber e, para todos os efeitos e propósitos, Ron Drever. Contudo, os números vão crescendo nessa escalada. Não importa quem fique pelo caminho, outros tomam seu lugar, e a ascensão continua. A expedição está bem viva, a marcha ganha ritmo e segue rumo à colisão.

O laboratório LIGO-WA, também conhecido como LHO pelo LIGO Hanford Observatory, está situado numa remota praça num terreno de propriedade do governo norte-americano no sudeste do estado de Washington, sede do Hanford Site — localização dos primeiros reatores nucleares do mundo. John Wheeler passou o último ano da guerra em Hanford, projetando esses reatores. Instalações para separação de plutônio extraíram o elemento radioativo para a Fat Man, a segunda e última bomba (até esta data) despejada de um avião sobre uma cidade. O que tinha começado como uma área esparsamente habitada tornou-se verdadeiramente remoto em 1943, quando parte do sigiloso Projeto Manhattan se mudou para lá e o Departamento de Guerra evacuou (desapropriou) os moradores numa área de aproximadamente 1550 km^2. A Guerra Fria estimulou a expansão das instalações nucleares, com o propósito de acumular ameaçadores suprimentos de armas. A partir do final da década de 1980, o Hanford Site declinou como centro de produção nuclear e tornou-se uma instalação para limpeza nuclear. É preciso fazer alguma coisa com essas lamentáveis excreções, preferivelmente desviando suas intenções do rio Columbia.*

Lá estava esse local remoto sem uso num deserto não tão desértico — na verdade, uma estepe arbustiva, a qual, conquanto carente de chuvas, tem mais cobertura vegetal do que um deserto propriamente dito. Faixas de arbustos perenes dão a impressão de um campo mal provido, de uma fazenda malcuidada, cultivada à mão. Não se vê nada na extensão plana até surgirem os reatores no horizonte, encimados pelas torres de refrigeração — o primo não assustador da nuvem atômica em forma de cogumelo — vazando para dentro dos cúmulos, lambuzando o inócuo clima que faz pose no desenho das nuvens.

A uma distância de vários quilômetros algumas pequenas construções constituem o laboratório LIGO. Elas são novas, retas e quase brancas, num contraste arquitetônico com os reatores arredondados que marcam a periferia, vistos do LIGO. O terreno é

* O rio Columbia, importantíssimo na região, sofreu o impacto da poluição por resíduos nucleares do Hanford Site. (N. T.)

coberto por arbustos verdes muito bem aparados e plantados tão esparsamente entre seixos não nativos que o efeito é de um semiacabado mas cuidadosamente executado diorama. Quase intencionalmente artificial.

Chego lá cedo o bastante para participar da reunião diária das 8h30 na sala de controle. Michael Landry, encarregado da instalação do LIGO Avançado em LHO, está colhendo casualmente por toda a sala relatórios verbais da situação. Cerca de vinte pessoas se aboletam entre as mesas e cadeiras, ligeiramente superadas em número por duas colunas e três fileiras de monitores de computador. Um sujeito está sentado numa dessas bolas gigantes de pilates, pulando. A reunião é eficaz e rápida, e é encerrada por Mike: "Vamos trabalhar com segurança hoje. Terminamos". A declaração é séria, mas corriqueira.

As pessoas têm o hábito de passar algum tempo na sala de controle durante o horário de trabalho, entrando no laboratório e saindo dele, vestindo roupas de cirurgião que me parecem de um azul mais escuro, novo regulamento, uma camada adicional de proteção contra contaminantes. Não fico inclinada a forçar uma analogia entre médico e paciente; isso realmente não se aplicaria muito bem a tudo isso, exceto quanto aos seis monitores em uma parede e sete na oposta a exibir todo tipo de métrica da máquina, prontos para dar o alarme em caso de perigo. Há uma multidão de câmeras e sensores em muitos pontos ao longo da anatomia do detector. A sala de controle nunca está vazia. Operadores estão a postos 24 horas por dia e sete dias por semana, em turnos de oito horas. Durante as operações científicas, a máquina tem de manter travados os parâmetros fixos, o que significa que os espelhos são mantidos numa margem muito estreita em relação a uma distância fixa de separação entre eles. Um complexo circuito de retroalimentação se ajusta para repor os espelhos na distância original à medida que se movimentam, mais ou menos como um termostato tenta manter um recinto a uma temperatura pré-selecionada. O instrumento mede os minúsculos deslocamentos que ocorrem a partir desse estado de travamento e rastreia os esforços de restaurar o posicionamento dos espelhos. Se a máquina sai desses parâmetros, um alarme soa e uma tela pisca em amarelo ou vermelho. Às vezes alguém, por pilhéria, troca o som do alarme.

Todos eles sorriem de um modo um tanto afetado quando explicam o aspecto semiautomático do sistema de controle. Os operadores da sala central confessam que há um pouco de magia negra nisso. Não exatamente como uma pancadinha na lateral de um aparelho de televisão temperamental. Mais obscuro e mais misterioso. *Magia negra*. Muitas pessoas me entoam essa expressão, desviando os olhos, oferecendo o tal sorriso afetado. Acho que realmente pensam assim. Não querem me alarmar, chamar minha atenção para esse desafio. Nem sempre é óbvio o que fazer para manter a máquina viva. Leva-se meses para aprender como operar os controles por meio da interface gráfica do usuário, ou GUI, na sigla em inglês. Quando o LIGO Avançado estiver montado, o número de canais de leitura chegará a 200 mil, o número de *loops* de controle a 350, e então o quê? Quem será capaz de controlar todos eles e manter o laser fluindo em suas veias?

Se for um dia de muito vento, ou de muitos caminhões-caçamba pesados nas estradas ao lado do Hanford Site, a coisa pode não se manter no travamento. As noites são mais propícias, e do comportamento de alguns dos operadores com quem falei, contratados na região, poucas vezes provindos dos círculos acadêmicos, não é um horário nada ruim para trabalhar, eles sozinhos numa sala de controle vazia, em que caberiam cem indivíduos.

Há cerca de vinte pessoas rondando a sala de controle — com vestimentas de cirurgião azul-escuras, batendo na própria cabeça com chaves inglesas, pensando ou se punindo. Eles parecem mesmo com médicos, especialmente quando há um monte deles conjeturando sobre as leituras nos monitores e discutindo a condição delicada do paciente.

Há um ambiente de camaradagem, estimulado pela localização remota e pela relativa obscuridade da missão. De costas para a porta, que está aberta, as pessoas encaram os diagnósticos nas telas e os inusitadamente grandes relógios digitais, um registrando a hora local, o outro, a hora GMT. Piadas percorrem as mesas e perguntas são lançadas no ar a quem quer que tenha disponibilidade para responder. "Como se soletra *defunct*?" Eu grito em resposta: "Com 'c'", enquanto deixo a sala e me dirijo ao laboratório.

Estou ciente de que a sala de controle tem uma parede comum com um purificador de ar de um laboratório, o LVEA (da sigla em inglês para "área de equipamento do laser a vácuo"). Enquanto o protótipo de quarenta metros da Caltech é escondido por um trailer, o observatório em escala total não pode ser contido num prédio. O LVEA tem aproximadamente 2800 m^2 e só aloja o ápice do ifo. Do outro lado da parede, dois tubos de feixe, cada um com 1,2 m de diâmetro e 4 km de comprimento, atravessam diretamente o laboratório e saem para a estepe a sudoeste. Os tubos de aço inoxidável têm apenas 3 mm de espessura (com anéis rijos para dar suporte à estrutura). Desenrolados de carretéis e depois espiralados para formar cilindros, soldados em seções de 60 cm para cobrir todos os 4 km. Invólucros protetores de cimento circundam os tubos, paralelamente a um caminho de acesso a laboratórios menores nas estações finais dos túneis.

Dois dos maiores furos na atmosfera da Terra estão nesses túneis de feixe do LIGO, logo além das portas duplas da sala de controle. Há menos substância dentro desses tubos do que há no espaço vazio entre galáxias, o qual contém muito pouca substância, conhecida como meio intergaláctico. Dois dos maiores furos na atmosfera e com oito vezes menos substância do que muitas partes do espaço sideral. (Embora as regiões mais vazias do espaço exterior sejam ainda mais vazias do que isso.)

O sistema de vácuo cientificamente projetado é tanto econômico como impressionante em seus resultados. Embora haja câmaras de vácuo na Terra com ainda menos substância nelas, nenhuma tem as enormes dimensões dos LIGOs combinados. Os tubos foram reduzidos ao vácuo em 1998 e desde então não foram trazidos de volta à pressão atmosférica. Na transição para o LIGO Avançado tudo está sendo substituído, menos o nada. O nada tem de ser mantido assim durante toda a duração do experimento. Se o vácuo for desfeito, seria o fim do experimento. Mike Landry diz: "Teríamos de ir todos para casa".

Uma noite, às três da madrugada, um supervisor da força de segurança na instalação nuclear foi até a instalação do LIGO e perguntou: "Você ouviram isso?". Mike foi de carro pela estrada de acesso e deparou com um caminhão que se chocara com um dos invólucros de cimento de um dos braços. A força de segurança que patrulha Hanford Site tem autoridade federal, porta armas letais e é formada por camaradas bem grandes com equipamentos intimidadores, sendo que alguns deles têm uma queda por dirigir a altas velocidades no escuro, apesar da lacuna no conhecimento da geografia local. Voando baixo através da planície semeada de arbustos, a 130 km/h, o funcionário colidiu com um braço do interferômetro e quebrou um dos seus próprios. E uma costela também.

A colisão não perfurou o tubo até o vácuo, mas poderia ter perfurado, e, conquanto uma perfuração do tamanho de uma moeda pequena só fosse causar um assobio sinistro e destruir o experimento, uma abertura grande o bastante poderia ser mortal, como um buraco numa estação espacial, a menos que dentro da nave haja vácuo.

Carros são sempre más notícias, mesmo quando não vão de encontro aos tubos. O LIGO é extremamente sensível a vibrações sísmicas. Ele é, entre outras coisas, um sismômetro espetacular. Por exemplo, a máquina consegue ouvir caminhões trafegando pelas estradas de acesso. Mesmo a acústica do ar tem sido um problema, e os analistas de dados encontraram uma correlação de ruídos com as chegadas e partidas de aviões no aeroporto local.

O Sol e a Lua fazem com que os espelhos se desloquem, e é preciso que ímãs reponham os espelhos em sua localização-padrão. Há também sismômetros para detectar movimentos locais do solo, com sistemas hidráulicos a postos para compensar esses deslocamentos. Tudo isso constitui formas de ruído, a ser distinguidas de um sinal genuíno. Ouvimos os sons crus do instrumento. Ele zumbe com o empuxo da maré na atração dos corpos celestiais, com o resmungo de uma Terra ainda se acomodando, com os resquícios de calor nos elementos, com as vibrações quânticas e a pressão do laser.

Os espelhos são assombrosos. A nossos olhos, parecem ser perfeitamente transparentes, praticamente invisíveis. São tremendos refratores de luz óptica. Todo o seu poder está na capacidade de refletir a luz do laser. A fabricação dos espelhos é terceirizada, confiada a companhias muito boas nisso, e eles depois correm o mundo para diferentes processos, inclusive oitenta camadas de revestimento para fazer os melhores espelhos possíveis, altamente reflexivos sem quase perda alguma. Se pudéssemos enxergar com a frequência do laser, a reflexibilidade seria de 99,999%.

Fibras de vidro extraordinariamente delicadas mantêm suspensos os espelhos de 42 kg, porque eles não podem ser aparafusados no teto do túnel. Se fossem, não poderiam oscilar com a mudança do espaço, balançar com a onda oceânica. Pois existe o atrito, a implacável tensão entre estabilidade e sensibilidade. As fibras de vidro têm cerca do dobro da espessura de um fio de cabelo humano, tão delicadas que podem se romper se forem tocadas sem o devido cuidado.

O chefe do LHO, Fred Raab, chama todo esse jogo de um equilíbrio entre a sutileza e o terror. Um megawatt de luz laser aprisionado na cavidade entre espelhos constitui um acúmulo agressivo de potência. Quando a máquina sai do travamento, o megawatt é dirigido a um fotodiodo projetado para absorver apenas um conjunto muito delicado de fótons. Em um incidente a câmera fritou. Foram então projetados obturadores de aço inoxidável capazes de se fechar com rapidez suficiente para proteger o aparelho de coleta. Em outro travamento interrompido, a potência acumulada foi jogada contra os eficazes obturadores, mas até mesmo o metal ficou enfumaçado. O material chamuscado foi soprado dos obturadores para o vácuo.

Outro quase desastre foi atribuído a um terremoto na China que fez oscilar um dos espelhos secundários. O espelho direcionou o feixe, como se fosse um laser cortador, para as fibras de vidro, aquecendo-as até derreter. Isso só aconteceu duas vezes, e já existem retentores de terremotos para agarrar os espelhos nas plataformas sísmicas, caso for necessário. Comumente os efeitos registrados de terremotos em todo o mundo são menos desastrosos.

Mike Landry e eu estamos vestidos adequadamente para entrar no LVEA e olhar mais de perto a operação. O purificador de ar mantém uma "sala limpa" classe 10 mil, ou seja, que tolera esse número de partículas de poeira por pé cúbico. Em comparação, o ar de Nova York tem em média 35 milhões de contaminantes (micróbios, poeira ou variedades químicas) por metro cúbico. (Numa visita à locação na Louisiana eu assistiria a uma conversa de uma hora sobre diretrizes para salas limpas de elevado teor, que incluiu uma demonstração prática do uso de luvas cirúrgicas, manteiga de amendoim e uma garrafa de borrifo de álcool isopropílico.) A sala ampla é mantida fria (o suor é um contaminante), com o teto entre dez e doze metros de altura. Há trilhos montados nas paredes, e gruas deslizam por eles acima de nossa cabeça. Lá embaixo, no chão, está anunciada, em letras maiúsculas, a capacidade dos trilhos, que é de cinco toneladas. Estamos usando capacete.

As câmaras têm de ser isoladas dos túneis por meio de fortes válvulas de gaveta, de modo a poder ser trazidas à pressão atmosférica sem inundar os tubos com ar contaminado. Visto de um conjunto de escadas e passagens temporárias que proporcionam um lugar de observação mais alto, o conjunto de câmaras no ápice ficou conhecido como "cervejaria ao ar livre", o que traduz bem sua aparência — um cruzamento entre um barril de cervejaria e um submarino de H. G. Wells. O topo da câmara se abre e todo o mecanismo de suspensão é levantado e introduzido por uma grua manobrada por um profissional. A câmara é então selada — muito bem — e o ar é bombeado para que atinja o nível de vácuo dos braços de modo que a válvula de gaveta possa ser aberta.

Oito semanas após a instalação na Louisiana eles abriram um visor na estação final para observar uma aranha viva de cinco centímetros agarrada do lado de dentro do vidro. Insetos são um problema. Camundongos são um problema. "Sinto muito, companheira", disse Mike pisando numa aranha, na pequena sala em que experimentamos nossas roupas limpas. Poucos minutos depois, no laboratório da estação final, um dos pesquisadores principais interrompeu sua fala no meio da frase, olhos esbugalhados por cima da máscara, para abater uma mariposa que estava no lado errado das tiras de plástico que guarnecem os componentes mais preciosos. Ao levantar do chão a carcaça empoeirada, Mike diz novamente: "Sinto muito, companheira".

Os tubos atravessam as paredes e percorrem alguns quilômetros no terreno seco. Entre o tubo de feixe e o invólucro que conecta o LVEA às estações finais a uma distância de quatro quilômetros há espaço o bastante para uma pessoa caminhar ao longo do instrumento, o que ninguém fez até que Rai Weiss descobriu uma infestação de camundongos, vespas, viúvas-negras e cobras. As vespas gostam de depositar viúvas-negras em ninhos hexagonais e mantê-las anestesiadas mas vivas até ter vontade de comê-las. As viúvas-negras produzem urina com ácido hidroclorídrico, que corrói e mancha o aço inoxidável, que apresenta manchas visíveis. Não existem piscinas de aço inoxidável porque ele não é inoxidável ante o cloro. "As viúvas-negras são interessantes", mas, após muita investigação, Rai conclui: "os verdadeiros culpados são os camundongos".

Rai percorreu os túneis de Louisiana de cima a baixo para diagnosticar o problema, que era pior em Louisiana do que em Washington: minúsculos escapamentos com 1/30 da espessura de um cabelo (descobertos e selados) no vácuo. Nas localidades, sempre ouvi essas histórias sobre Rai. Rai rastejou dentro do túnel. Rai encontrou os cacos de vidro no túnel. Rai dispersou camundongos, vespas e todo tipo de inseto. Rai percorreu novamente o tubo de feixe. Em Rai sempre serve a proverbial carapuça.

Ele me deixa acompanhá-lo enquanto realiza um pequeno experimento sobre o modo como os tubos vibram. A estrada de acesso tem de ser mantida livre de tufos de erva. Arbustos secos erradicados que rolam pela planície e se acumulam ao longo dos invólucros do tubo como espinhentos grãos de poeira numa parede. Para limpar uma trilha dessa erva seca, elas são reunidas e enfardadas em pacotes retangulares, como fardos de feno, que são depois distribuídos além do perímetro do diorama. Como matérias-primas que dividem uma mesa com a escultura, talvez para ser usadas, talvez para ser descartadas. Gosto dos tufos de erva, tanto em seu formato desorganizado como no formato retangular. Eles fazem os terrenos artificiais do laboratório se encaixarem na paisagem natural.

Rai sugere: "Diga-me se o cheiro está demais. Na Louisiana é muito pior. No ano passado peguei uma pneumonia fúngica". O ar melhora quando abrimos algumas de um total de catorze portas para os invólucros de cimento que protegem um dos braços. O cheiro não é tão ruim, mas eu fico grata por essa ventilação. "Eu sempre caminhei pelo túnel", diz Rai. O tubo de feixe foi responsabilidade sua durante anos. O tubo vibra. Com uma batida, ele o faz soar para mim, e o tubo geme alto e mantém o gemido. À medida que o LIGO progride para uma maior sensibilidade, o experimento vai ficando responsivo a essas vibrações sísmicas de baixa frequência, que sempre estiveram lá, mas eram menos importantes em sensibilidades menos apuradas. Rai deixa-me ajudar em ajustes, como se faz com uma criança, apertando uma peça numa morsa ou segurando um cabo. Ele faz todo o possível para que o projeto avance, apesar de estar oficialmente aposentado e com oitenta anos. Rai assume esses trabalhos para que outros não tenham de assumi-los. Está estapeando, pisoteando, espancando o tubo.

"Isso exige um bocado de paciência", eu digo, não muito orgulhosa da obviedade da declaração. "Você é paciente?", pergunto, implacável. "Não, e você também não é", ele diz. "Por que diz isso?" "Você fica completando minhas sentenças", ele diz, não sem certa satisfação. Fico mortificada. "Tudo bem", ele diz, descartando qualquer crítica. "Isso é bom."

Depois nós prendemos alguns cabos juntos e instalamos um pequeno instrumento a um dos aros de reforço em torno do tubo. Tenho de ficar dentro do carro enquanto Rai faz medições diagnósticas das vibrações do tubo de feixe. O carro está ficando quente porque me esqueci de abrir a janela, mesmo depois de ele ter me dito para fazê-lo, e agora o sol do deserto está cozinhando tudo.

Na viagem de volta de Hanford naquela noite e durante os vários dias que passamos juntos, Rai relembrou os primeiros tempos do LIGO e da Troika, na década de 1980. A estrutura gerencial era insustentável, ele me diz. Ron Drever fora descrito como sendo incapaz de compartilhar o poder, ou de confiar no parecer de outras pessoas, inclusive Rai. A equipe da Caltech teve de se manter unida, apesar de Ron, para que o projeto tivesse êxito. Rai disse: "Eu faria tudo que fosse necessário para que esta coisa pudesse seguir adiante. Independente do que fosse.

"Ron era bem difícil. Na época, eu tinha muito respeito por ele, um tipo diferente de respeito. Comecei a entendê-lo melhor, como cientista. Descobri também por que era impossível lidar com ele: Ron não pensa como você ou eu pensamos, mas em forma de figuras. E não se lembra do que pensou no dia anterior, então você nunca pode tomar uma decisão. Você pode observar como as coisas são com ele. Ron seguia a mesma lógica quanto a uma decisão sobre quão grande deveria ser o feixe de laser ou sobre quantos espelhos deveria haver — não sei, escolha qualquer item no interferômetro. E você debatia com ele e chegava ao mesmo ponto, e Ron concordava que a opinião dele não era correta — ou talvez não concordasse inteiramente —, e depois a conversa recomeçava na manhã seguinte, a partir exatamente do mesmo lugar. E chegávamos à mesma conclusão. E isso um dia após outro; você nunca chegava a uma resolução. Esse era um dos problemas.

"Ron poderia efetivamente dizer [a Kip]: 'Olhe, você me trouxe aqui sob falsas premissas. Pensei que ia ter isso e isso e isso, e agora veja só onde estou. Nessa situação terrível com Weiss e essa gente do MIT que vai acabar me comendo vivo', e toda sorte de blá-blá-blá. E Kip, eu sei, sentia-se terrivelmente acabrunhado com isso, porque era um pouco verdade. Quero dizer, não creio que Ron alguma vez tivesse pensado que teria de lidar com alguma outra pessoa."

Drever estava novamente fazendo o papel de Mozart, e Rai, em seus momentos mais sombrios, a autoestima vacilando, temia estar-lhe sendo imposto o papel de Salieri. Rai tinha suas próprias ideias sobre o instrumento, sobre a implementação do projeto. Mas tinha de manter seu próprio ego de lado, não sem algum sofrimento pessoal, para que a coisa fosse adiante. Ele trabalhou na seleção do local, num estudo industrial, testou revestimentos para os espelhos, construiu seu próprio laser. Mesmo agora trabalha onde quer, no que quer e quando quer que seja necessário, afugentando vespas, caminhando pelos túneis, testando sistemas, construindo componentes eletrônicos. Não saberia dizer quantas vezes ouvi alguém dizer "É melhor perguntar a Rai".

"Kip ainda estava lá; quer dizer, ele tinha de estar." Kip tentava mantê-los juntos, equilibrar os egos e as autoridades de modo que aquela combinação peculiar de personalidades pudesse efetivamente funcionar. Ele atribuiu domínios diferentes a cada um, deu-lhes títulos igualmente importantes, como cientista-chefe encarregado disso ou cientista-chefe encarregado daquilo. O arbitramento de Kip foi facilitado por seu temperamento inabalável e seu computador pessoal. Ele era o único a ter tal coisa. A Troika podia enviar uma ideia inicial para aquele estojo de alumínio, transmitida pela digitação de Kip, e de lá sairia um decreto, impresso em preto e branco. Uma resolução tornava-se mais oficial depois de sua transformação por meio daquele computador, um criador de autoridade. Mas as reais decisões nunca eram tamboriladas no teclado, nunca se materializavam impressas, nunca eram tomadas. As tensões entre Rai e Ron, os estilos incompatíveis — a energia e a determinação de Rai de seguir adiante, a natureza sonhadoramente figurativa da inteligência de Ron — anulavam qualquer efetividade que um poderia ter sem o outro. No final das contas, não havia decisão alguma que pudesse ser tomada pelos três. "Nenhuma", diz Rai.

"Isso é um exagero", corrige mais tarde Kip, "mas não muito grande."

Rai disse: "O divisor de águas disso tudo foi quando Dick Garwin escreveu uma carta [para a NFS]. Isso é deixar de fora um bocado da história, mas tudo bem. Foi em maio de 1986. Três anos depois da Troika.

"Garwin escreveu uma carta para a NFS. Talvez tivesse sentido que tinham matado aquele campo. Agora o que estávamos fazendo era ressuscitá-lo. Por sugestão de Garwin, a NFS pediu um estudo de verão... E assim eles me chamaram e acho que isso magoou algumas pessoas na Caltech. Da Troika, foi a mim que pediram que conduzisse o estudo de verão. Depois de terem posto todo aquele dinheiro no estudo industrial do Livro Azul, acho que isso foi legítimo."

Garwin era o mais influente cientista da IBM entre aqueles que iam construir as barras de Weber após as infames alegações da descoberta, em 1969. Sua opinião era levada em conta, e ele havia servido como conselheiro em altos níveis. Tinha exercido um papel na detenção da insanidade da Guerra nas Estrelas,* assim como de escaladas industriais potencialmente desastrosas, como os planos para aviões supersônicos na década de 1960 que deveriam cruzar a estratosfera, levando passageiros de Nova York à Califórnia numa fração do atual tempo de viagem, enquanto envenenavam irreparavelmente a delicada camada atmosférica. Garwin tinha aniquilado Weber. Considerava esse extermínio um serviço público. Não ficou satisfeito ao saber da ressurreição da pesquisa de ondas gravitacionais, a um custo tão assombroso.

Rai continua: "Dick pensava que tinha matado o dragão, e então, muito de repente, ali estava uma fênix que ressurgia das cinzas.

* Apelido depreciativo do programa de defesa norte-americano proposto no governo Reagan em 1983, denominado Strategic Defense Initiative (SDI), que foi abandonado em governos posteriores. (N. R. T.)

"A questão é que os problemas na colaboração foram expostos, mas também se demonstrou que muita tecnologia havia sido desenvolvida. Eu tinha pessoal da área do laser, da área das medições de precisão, pessoas do projeto das barras, gente que tinha feito medições de maneira tão bonita. Tivemos um encontro com todos os fatores envolvidos nisso, mas o que não conseguimos discutir adequadamente foi a questão do gerenciamento.

"E eu lhes disse qual era o problema. Eu disse: 'Veja, a coisa está morta a menos que vocês recomendem que haja um só diretor. Vocês têm de se livrar da Troika. Isso não funciona'. Aconteceu que tanto Kip quanto eu, sem falar sobre isso, usamos aquele encontro como uma maneira de dizer ao comitê que o gerenciamento tinha sido uma droga."

Kip enfatiza: "Essa reunião de novembro de 1986 foi tremendamente importante... ela nos outorgou um sonoro endosso exceto no que concerne ao gerenciamento". O relatório serviu como um processo de revisão profunda que os encorajou a seguir adiante numa fase de construção, para agilizar o desenvolvimento da instrumentação. A avaliação positiva deu a Isaacson a confiança de que o projeto poderia avançar com um design e uma proposta de construção (duas propostas anteriores submetidas pela Troika tinham sido recusadas) com uma condição: que encontrassem um único diretor. Todos os membros do comitê de revisão assinaram o relatório, inclusive Garwin.

Rai diz: "E o que resultou disso foi Robbie Vogt, então o pró-reitor da Caltech. Que tal?

"Robbie fez algumas coisas boas no início. Odeio dizer isso. Vou ser muito justo quanto a isso, creio que devemos ser. A primeira coisa que fiz quando ouvi sobre Robbie foi começar a ligar para o país inteiro, e obtive recomendações extraordinárias em favor dele. Tinha feito coisas maravilhosas. Só um sujeito foi totalmente honesto comigo, e eu não acreditei nele. Ele disse, e nunca vou esquecer as palavras: 'Bem, você e Ron não serão mais os mesmos depois que ele entrar'. E eu não soube o que ele queria dizer. Lembro-me de ter lhe perguntado diretamente: 'Ele vai estragar tudo?'. E a pessoa disse: 'Ah, não, não, não. Ele vai fazer funcionar. Ele vai fazer acontecer. Mas você e Ron não serão mais os mesmos'."

11. Laboratório de desenvolvimento avançado

Rochus E. Vogt tinha sido despedido do cargo de pró-reitor da Caltech, o que não soaria como uma recomendação muito boa para ser diretor de um projeto nascente bastante incomum, tecnologicamente críptico e titânico. Não atribuamos demasiada importância a isso, mas "Vogt" era um título outorgado a um dirigente que presidia certos territórios no Sacro Império Romano-Germânico. Em outras palavras, Vogt de certa maneira significa "pró-reitor".

Apesar do nome profético, Robbie diz sobre si mesmo: "Sou muito conhecido como uma pessoa que detesta toda autoridade".

Como pró-reitor, ele demonstrou uma lealdade à Caltech que excedia qualquer lealdade a um país específico e, embora não gostasse do termo, ele admitia que "mercenário" era uma descrição acurada do cargo. Sua lealdade à instituição intelectual acima da lealdade ao país pode ser defensável em parte. Os cidadãos alemães que cresceram paralelamente ao nazismo saem-se melhor com uma história pessoal que os ponha em desacordo com aquela autoridade em ascensão ou em desacordo com um conluio implícito com um cenário alternativo que contribuiria para uma embaraçosa biografia, inclusive de pró-reitor. Para que se registre, e como se registra, ele teve todas as reações politicamente corretas ao totalitarismo (horror e rejeição) e todas as reações politicamente corretas à constituição e à proteção de direitos humanos (admiração e aceitação). Mas a constante lealdade de Vogt à Caltech foi uma boa alternativa a qualquer sentimento de nacionalismo.

Quando me encontrei com ele em sua sala na Caltech ele disse: "Ontem foi dia 8 de maio. Em 8 de maio de 1945, eu tinha quinze anos de idade. Fora prisioneiro de guerra e jurei a mim mesmo que nunca mais em minha vida alguma autoridade idiota teria poder sobre mim".

No desenrolar da conversa, eu soube que os nazistas tinham desmantelado toda a privilegiada educação que ele tivera no sul da Alemanha. No pós-guerra, Vogt foi relegado a trabalhador agrícola e depois a operário em uma usina de aço. Posteriormente, seus estudos o levaram aos prósperos Estados Unidos, e então já se tinha tornado "Robbie", assim apelidado por um soldado americano que ficara seu amigo. O americano era na verdade um inspetor de armamentos designado para sua universidade alemã para assegurar que não houvesse fabricação de armas nucleares, e o engenheiro industrial alemão Rochus, em sua condição de representante dos estudantes, era sua ligação. Nada disso explica por que Vogt foi demitido.

No projeto *Voyager*, Vogt foi o principal pesquisador em um dos primeiros experimentos da missão, o do sistema de raios cósmicos. Atualmente as duas espaçonaves *Voyager* estão a mais de 15 bilhões de quilômetros da Terra; arremessadas mais longe do que quaisquer outros objetos feitos pelo homem, elas estão quase entre estrelas, desvencilhando-se do manto magnético do Sol, o aço externo exposto e varrido pelos ventos de estrelas mais distantes. Um pouco dramático, mas verdadeiro. Vogt lutou para estender os objetivos da missão ao espaço interestelar. Ele reivindicou que a nave espacial carregasse mais hidrazina — composto químico necessário para orientar a espaçonave além do sistema solar —, o que diminui a carga útil disponível para os cientistas planetários. Ele explica: "Quanto mais longe chegarmos, mais temos de reduzir a taxa de bits para que ela possa transmitir... Os geradores de plutônio, que fornecem a energia, vão durar mais cinco a dez anos. Então não haverá energia suficiente para a comunicação... No mínimo são mais cinco anos para estarmos no espaço interestelar medindo o espectro galáctico de raios cósmicos. Só que quando digo 'nós' isso não inclui 'a mim'... Agora eles estão fazendo as descobertas. E isso é a única coisa que eu lamento. A administração me privou disso. E isso dói. Mas só porque seria divertido ser o primeiro a ver...".

Lançada em 1977 de uma áspera crosta chamada Terra, a *Voyager* não é tripulada, mas carrega mensagens gravadas sobre este lugar, um retrato que teve como curador um comitê chefiado por Carl Sagan. O propósito mínimo da missão: servir como uma garrafa com uma mensagem, oscilando nos ventos interestelares e protegendo um conjunto de suvenires para o caso de que outras criaturas vivas estejam lá fora e interessadas nos inventores da missão. Alguns cidadãos foram contra, pois as gravações em discos fonográficos de ouro expõem a localização de nosso delicado planeta a agressores potenciais. Mas primeiro os extraterrestres terão de encontrar a *Voyager*, um minúsculo pedaço de metal no vazio fantástico do espaço interestelar. Em dezenas de milhares de anos a espaçonave ainda não terá topado com outro sistema estelar. E nos encontrar usando os métodos convencionais de um explorador galáctico, seja isso lá o que for, deve ser mais fácil do que encontrar primeiro a *Voyager* e decifrar sua mensagem só para olhar em volta e localizar nosso sistema solar na visão periférica.

Para ser pró-reitor, Vogt abriu mão de sua missão em favor de outros antes que a *Voyager* partisse nas buscas exteriores da influência magnética do Sol e que se acumulassem os verdadeiros espólios do sistema de raios cósmicos. Ao aceitar o cargo, ele considerou (por que sequer considerar tal possibilidade?) se poderia retornar à pesquisa de raios cósmicos se fosse despedido. Numa entrevista no início de seu trabalho como pró-reitor, Vogt prenunciou: "Se eu retornasse, meus colegas teriam pena de mim, porque estaria desligado. Não gostaria de embaraçar as pessoas dessa maneira. Então eu teria de ir para uma área totalmente diferente". Murph Goldberger, então presidente da Caltech, de fato demitiu Vogt alguns anos depois. Se Murph pudesse simplesmente mandá-lo embora, se o poder executivo fosse dele, provavelmente teria baixado o cutelo mais cedo, mas o conselho de curadores tem de ratificar a demissão de um pró-reitor. Embora Vogt fosse considerado um administrador hábil e mesmo inspirado e muito querido pelos curadores, era também retratado como difícil e paranoico, e talvez essa descrição não fosse tão implausível ou injusta. Ressentimentos e acusações empanaram o relacionamento dos administradores e sua união teve de se desfazer. Nesse ponto, o assunto toma aspecto de fofoca e talvez não seja tão interessante ou relevante, a não ser para levar Vogt à posição em que o destino precisava dele.

Forças negativas o empurraram a esse nexo — efetivamente desempregado (conquanto não destituído de salário), sem poder voltar à sua disciplina científica anterior ("Não gostaria de embaraçar as pessoas dessa maneira"), desanimadoramente instalado perto do banheiro dos homens no porão de um prédio de física (sem dispor de um laboratório ou participar de um grupo), calibrado pelo desapontamento (por que a faculdade não se ergueu em solidariedade quando ele foi demitido?), pronto para "ir para uma área totalmente nova". Forças positivas o empurraram com igual magnitude — ele era talentoso, agressivo, visionário, implacável. Tudo o que era necessário como pressão diferencial para o intencional colapso da Troika, praticamente logo abaixo dele, no fundo do literal e proverbial corredor (efetivamente, após ter sido demitido, sua sala ficava no andar abaixo do de Kip), e Robbie Vogt foi sugado para o cargo.

Ele nunca quis esse emprego. E seria demitido do cargo de diretor do LIGO também. "Não tive nenhum contato com o projeto durante 25 anos", Vogt advertiu, como a insinuar que nada ia sair daquela conversa. Ele me deu as boas-vindas em sua grande sala de esquina, num prédio que só pode ser definido como o quartel-general do LIGO, no fim de um corredor que abriga colegas com os quais não falou durante quase um quarto de século. Cientistas que são peças vitais na equipe do LIGO tinham-no avistado, mas nunca se encontrado com ele, e expressaram a descrença, preocupação mesmo, de que eu estaria no final do corredor, no famoso ponto de esquina, com o notório, imenso, formidável Robbie Vogt, como se ele assombrasse um terrível e escuro armário do tempo da infância que deveria ser lacrado para sempre.

Quando o tempo de Vogt como pró-reitor terminou, o presidente da divisão de física, matemática e astronomia da Caltech foi até seu escritório e Vogt disse: "Leve sua lista daqui", referindo-se a qualquer assunto do departamento que precisasse ser visto pelo pró-reitor. "Está acabado. Acabo de renunciar." O presidente da divisão, Ed Stone, respondeu: "Ah, isso é terrível". Vogt explica: um comitê de pesquisa o tinha recomendado para diretor do LIGO. A missão de Stone era se aproximar dele quando estivesse de bom humor para encontrar um jeito bajulador de lhe oferecer o cargo. Mas, com sua demissão do cargo de pró-reitor, a cronologia dos eventos tornou a oferta num prêmio de consolação. A reposta de Vogt foi: "Ed, você está fora de si. Não vou tocar nisso".

Kip especula que, conquanto Ed Stone possa naquele dia ter tentado avaliar qual seria a reação de Robbie como candidato sério a diretor, o cargo só foi oferecido várias semanas após ele "ter se demitido" como pró-reitor.

Assim que nos acomodamos em seu escritório, Robbie me diz que foi coagido a ser diretor do LIGO. "Eu recusei, mas minha recusa não foi aceita." Sua resistência baseava-se numa suspeita geral em relação ao assunto, por causa dos detectores de ressonância em barras de Weber e de suas contestadas alegações. "Incidentalmente, Weber era uma figura trágica. Na verdade, era um bom cientista, mas também estava obcecado em detectar ondas gravitacionais, cuja existência ele grosseira e erradamente interpretou a partir dos dados."

Posteriormente Vogt cedeu à considerável pressão administrativa. ("Fui ameaçado", ele diz.) "Mas, no momento em que decidi assumir a tarefa, passou a ser meu projeto, e fui totalmente dedicado a ele. E eu precisava dessa dedicação."

Em 1987, Vogt era diretor do LIGO, e o domínio que exerceu era novo. A Troika — Ron Drever, Rai Weiss e Kip Thorne — subitamente estava livre para seguir seu destino dentro do projeto. Robbie só tem elogios para Kip, "que merece o prêmio Nobel", e para Rai Weiss, "um bom cientista. Um bom homem". Ele até elogia Ron Drever: "Eu sabia que ele era um cientista muito brilhante. Só que era um lunático". (Para que fique registrado, há um consenso público de que a Troika, como grupo, será considerada para o Nobel.) Robbie trouxe para a função todas as suas características mais elogiáveis e todos os seus defeitos. Alguém observou, e isso me foi passado como uma descrição idônea em terceira mão, por isso deixo de dar o crédito, e conto com sua discrição: "Ninguém tinha mais ideias e era mais criativo do que Robbie, ninguém era melhor em resolver um problema. E ninguém era melhor em criar um".

Em 1989, Rochus E. Vogt submeteu à NFS, como pesquisador principal, o que era o ponto culminante dos esforços da equipe conjunta Caltech-MIT — e, detalhadamente, uma elaborada proposta de 229 páginas intitulada "Construção, operação e suporte para pesquisa e desenvolvimento de um observatório com interferômetro a laser de ondas gravitacionais". A proposta abre com a citação:

> Ademais, deve-se considerar que não há coisa mais difícil de lidar, nem mais duvidosa de conseguir, nem mais perigosa de manejar que chefiar o estabelecimento de uma nova ordem.
>
> (Maquiavel, *O príncipe*)

Rai a chama de obra-prima. Cada um no projeto tinha se lançado à tarefa, e o que emergiu foi uma concepção meticulosa, defensável e convincente do LIGO, dois observatórios de quatro quilômetros trabalhando em uníssono em costas diferentes dos Estados Unidos. O haicai de Rai foi finalmente apresentado à NFS no valor de 193 918 509 dólares, um pleito lúcido por um instrumento viável — um novo portal para o universo — a ser construído em quatro anos, a partir de 1990. No resumo do documento estão os dois objetivos do LIGO: "1) Testes para a Teoria da Relatividade Real [...] 2) a abertura de uma janela de observação do universo que se diferenciasse fundamentalmente da que é fornecida pela astronomia eletromagnética ou de partículas". Com essa proposta, Vogt estava iniciando, se é que já não estava cumprindo, seu trabalho como diretor do LIGO. E a NFS aprovou o orçamento.

Duzentos milhões de dólares não aterrissam simplesmente numa conta bancária. Por mais significativa que soasse a quantia, o orçamento não era assombroso em termos comparativos com os de aceleradores de partículas, por exemplo, que chegam à casa dos bilhões. Ainda assim, o LIGO era o maior empreendimento encetado pela NFS, e seria preciso requerer ao Congresso uma alocação especial de fundos. Um grande obstáculo fora removido, certamente, mas ainda haveria outros. Teve início uma longa batalha para encorajar a aprovação no Congresso de uma recomendação de financiamento pela fundação. Havia congressistas que tinham no LIGO um alvo para suas críticas, porque, segundo Robbie, acreditavam que o projeto (e talvez a ciência em geral) era um desperdício de dinheiro. Durante dois anos, Robbie ia e vinha de Washington para cortejar os congressistas. Tornou-se uma figura muito conhecida nos corredores do Congresso, entre os altos funcionários e nos comitês de orçamento.

Robbie convenceu a Caltech de que precisava de um lobista, recurso impopular entre alguns na faculdade até os dias de hoje. Após muita resistência, conseguira uma profissional para assessorá-lo e voltou a Washington mais bem equipado para abrir o caminho. Robbie, embora bem preparado para a audiência no Comitê de Ciência, Espaço e Tecnologia da Câmara dos Representantes, em 13 de março de 1991, estava totalmente despreparado para o contratestemunho. Foi nessa audiência do Congresso que o respeitado astrônomo Tony Tyson apresentou um depoimento condenatório.

O investimento de Tony Tyson em ondas gravitacionais começou em 1971, quando construiu sua própria versão das barras de Weber. Depois de anos realizando experimentos com barra, o único evento que detectara foi a detonação subterrânea num teste de armas nucleares no Alasca. Lançou-se uma arma nuclear de quase cinco megatons por uma abertura vertical no solo. Com a detonação, a superfície em torno elevou-se bem uns quinze metros em menos de um segundo e propagou uma onda de choque que circundou a Terra várias vezes, fazendo soar a engenhoca de Tony em sua instalação nos laboratórios Bell. Na época em que o

LIGO foi debatido no Congresso, Tony tinha passado para outras áreas de pesquisa, mas ainda se considerava um apoiador daquela.

Quando foi requisitado pelo Subcomitê de Ciência para testemunhar, ele pensou: "É melhor não me envolver", até que recebeu uma intimação. Faltando menos de um mês para a audiência, Tony concordou em preparar um cálculo de engenharia para avaliar a exequibilidade técnica do projeto. Ele falou em favor do LIGO, no mínimo em defesa dos promissores e elegantes avanços tecnológicos. Até hoje, afirma: "Se houver uma nova janela no universo, deveríamos olhar por ela". Mas também resumiu suas preocupações quanto ao devido retorno científico, preocupações que eram compartilhadas por outros, menos entusiastas da tecnologia pura e menos acostumados a riscos. Ele fez uma comparação desfavorável da primeira geração do LIGO com instalações mais baratas e com maior potencial de descobertas, sugerindo que a astronomia só iria adiante com futuras gerações de observatórios, talvez ainda a décadas de distância, que não estavam cobertas pelo orçamento requerido, e cada vez maior, de 211 milhões de dólares. Reclamou também que esse grande orçamento era para uma instalação a ser usada por quatro pessoas (presumivelmente Kip Thorne, Rai Weiss, Ron Drever e Robbie Vogt). Este excerto de seu testemunho teve um impacto inesquecível:

> Imaginem esta distância, equivalente a dar a volta ao mundo 100 bilhões de vezes... uma forte onda gravitacional vai fazer com que ela mude por um breve momento numa dimensão menor do que a da espessura de um fio de cabelo humano. Talvez tenhamos menos de alguns décimos de segundo para fazer essa medição. E não sabemos se esse evento infinitesimal acontecerá no mês que vem, no ano que vem, ou dentro de trinta anos.

Tony disse-me que se arrependeu de não ter notificado mais cedo Kip ou Robbie quanto à sua submissão ao comitê. Começou a considerar as implicações, como ele mesmo admitiu, somente na última hora, e na véspera da audiência tratou de arranjar para eles uma cópia do que apresentaria.

"De fato", diz Kip Thorne, "ele enviou a cópia de seu testemunho na véspera da audiência, via FedEx, para Robbie na Caltech, mas ela chegou depois que ele tinha ido para Washington, então nem Robbie nem nenhum de nós estávamos cientes do que Tony Tyson ia dizer até que ele o disse ao Congresso. Estávamos literalmente com antolhos."

Depois que Kip leu seu testemunho, Tony recebeu dele um duro telefonema tarde da noite, e a isso se seguiram muitas noites não dormidas. Tony resume: "Robbie tinha um linguajar interessante. Kip estava obviamente muito magoado. E, portanto, eu também estava".

Num e-mail em 16 de março de 1991, Kip escreve a Tyson em defesa de suas estimativas para os recursos, e fala do "cuidado com que tentei abordar essa questão". Ele continua, dizendo: "Na verdade, tenho forte suspeita de que sua percepção, como a de outros astrônomos, de que 'a força das ondas gravitacionais e sua taxa de ocorrência a partir de uma hipotética fonte foram grosseiramente superestimadas' [citado do testemunho de Tyson no Congresso, e também com referência a uma enquete informal entre astrônomos, que ele se arrependeu de ter feito], não tem a menor relação com as estimativas que fiz na proposta do LIGO e nos Relatórios do Subpainel de Pesquisa de Astronomia e Física".

Num pós-escrito a essa carta, Kip acrescenta: "Eu não seria honesto se não confessasse que me senti pessoal e profundamente magoado com o trecho 'grosseiramente superestimadas' em seu testemunho. Isso me tirou o sono nas últimas noites. Sinto que é injusto. Fiz esforços enormes nos últimos anos para ser honesto e preciso quanto às estimativas. Por favor, ajude-me a compreender o que fiz de errado, ou conter o prejuízo ao projeto LIGO e à minha própria reputação".

Três dias depois, Tony Tyson enviou um fax a Robbie: "MUDEI MEU TESTEMUNHO ORIGINAL", com tudo em maiúsculas. Ele retirou a palavra "grosseiramente" e acrescentou "no passado", de modo que agora dizia: "A maioria acha que a força das ondas gravitacionais e sua taxa de ocorrência a partir de uma hipotética fonte foram superestimadas no passado".

O adendo ao testemunho de Tyson termina com: "Numa observação pessoal, devo dizer que essa crítica foi muito penosa; tenho amigos nos dois lados da questão do LIGO. De algum modo temos de achar recursos que suportem risco e inovação em todas as escalas, desde a aptidão do pesquisador individual até as iniciativas maiores para instalações que garantam a produção por atacado de ciência e o risco e a promessa de grandes e ocasionais projetos científicos".

Robbie lembra: "Foi realmente um choque, pois eu não esperava isso. Tony é digno de confiança. É um bom cientista. Estamos agora em bons termos. Seja como for, aquele testemunho foi devastador". A lobista inclinou-se para Robbie e disse: "Eles realmente massacraram você".

A partir da descrença no caráter de Grande Ciência do LIGO — caráter que comumente é a natureza de ambiciosos aceleradores da física, não de observatórios astronômicos — desenvolveu-se uma espécie de movimento anti-LIGO, que se opôs à alocação de fundos pelo Congresso. Para pôr em escala, 200 milhões era o dobro do orçamento anual da NFS para a astronomia (Rich Isaacson contrapõe: "Esta é uma comparação enganosa, pois se está comparando a construção do LIGO, um esforço multianual para uma instalação, com um orçamento anual para pesquisa"). O que estava em risco era a saúde de projetos de ciência menores com maiores recompensas científicas. O argumento do LIGO e da NFS foi que essa requisição definiria uma nova linha de orçamento e, portanto, asseguraria a longo prazo mais dinheiro para a ciência.

Nenhum dólar seria sugado de pesquisas que a NFS já alimentava e mais estaria disponível para uma instrumentação visionária do futuro. Ainda assim, os poderosos astrofísicos de Princeton John Bahcall e Jerry Ostriker se opunham ao LIGO. Robbie dá de ombros: "Havia uma conspiração contra mim em Princeton. Eles estavam preocupados que o LIGO tirasse dinheiro da astronomia. Tinham motivos nobres".

Rai conta que a palavra "observatório" no título causara alarme por razões filosóficas (não é um observatório até que se observe alguma coisa), econômicas (a competição por fundos com outros observatórios muito mais baratos já foi mencionada) e sociológicas (o projeto soava mais como física do que como astronomia e não teria direito ao título "astronômico"). Rai assume alguma culpa pelo título e se pergunta como as coisas poderiam ter caminhado se o tivessem chamado de "instalação" ou "experimento". Mas LIGF (o F representando "facility") ou LIGE (o E representando "experiment") não soariam tão bem, deve-se admitir.

A campanha negativa adiou a construção. Robbie precisava de amigos influentes no Congresso, e no início o senador democrata George J. Mitchell, líder da maioria, quis o LIGO no Maine. A equipe do LIGO, com a ajuda de geólogos do Jet Propulsion Laboratory (JPL), estava buscando dois lugares, e o Maine era perfeito, embora um pouco mais dispendioso do que fora projetado, já que seria necessária maior movimentação de terra. Mitchell prometeu ajudar a levantar o dinheiro extra com a emissão de um bônus especial e uma contribuição de 6 milhões de dólares do estado.

Robbie perguntou: "Por que deveriam vocês, um estado pobre, emitir um bônus por algo tão obtuso quanto um LIGO?". A resposta de Mitchell foi: pela credibilidade. O Maine queria atrair outras instalações de alta tecnologia e biomédicas, e parecia que nada seria mais adequado do que o LIGO. Queriam tê-lo como demonstração de seu altruísmo e de sua dedicação.

Quando Robbie fez sua apresentação ao Congresso, com base em complexas informações sísmicas e geológicas, recomendou lugares como Harford, no estado de Washington, e o Maine. Robbie sofreu um revés quando Walter Massey, então diretor da NFS, se recusou a tomar uma decisão imediata para a seleção das localidades e a continuar discutindo esse tópico crucial. Algum tempo depois, inesperadamente, Walter Massey enviou Robbie a Washington. A escolha ia ser anunciada no prédio do Senado numa conferência de imprensa, e ele queria que Robbie estivesse lá para mantê-lo informado.

Robbie recapitula a conversa: "Então eu digo: 'Walter, o que é que você já sabe?'. Ele diz: 'Você vai descobrir quando chegar aqui'".

Quando Vogt chegou a Washington, soube que os lugares selecionados eram Hanford e Livingston. Vogt protestou: "Walter, você puxou meu tapete. Mitchell vai ficar furioso". Mitchell *estava* furioso. O Maine tinha investido pesadamente no apoio à seleção. Mitchell tinha lutado duramente pelo LIGO, mas o Maine também era cientificamente o melhor lugar. Vogt soube posteriormente que a mudança fora política. A Casa Branca republicana tomara a decisão para punir o líder da maioria democrática do Senado. Embora Vogt tivesse lutado pelo Maine, perdeu Mitchell como aliado no Congresso, o qual ainda não tinha lhe dado dinheiro para a construção. Pelos padrões do Congresso, a quantia em si mesma era inexpressiva, um pedacinho pequeno do fluxo em termos do orçamento total do país. Menos quantificável porém mais importante era o valor em moeda política.

Rich Isaacson, da NFS, lembra-se dos detalhes de modo diferente. Muitos outros lugares tinham sido inicialmente considerados, de bases militares a terrenos privados, de desertos a pântanos, em terrenos de Utah à Califórnia e à Costa Leste. Robbie tinha apresentado à NFS uma lista não prioritária com mais de cem possíveis pares, totalizando perto de vinte locais potenciais.

Diante dessa lista, o diretor da NFS reuniu dois comitês em separado para raspar os pares com a afiada lâmina de vários critérios, inclusive o de orientação relativa dos dois detectores, fatores sísmicos, custo, facilidade em obter o terreno e qualquer outra medição significativa que pudesse ser aplicada para revelar a combinação vencedora. No fim, ele fez valer seu julgamento e sua prerrogativa. Isaacson diz sem ambiguidade, balançando a cabeça: "A NFS toma decisões com base na ciência, e não na política".

Independentemente disso, Vogt precisava de um novo aliado em Washington. Ele virou-se para sua lobista e pediu um encontro com Johnston. Ela advertiu: "Vai ser difícil". E foi. Robbie tem certeza de que foi muito trabalhoso para ela conseguir os primeiros vinte minutos. Mas então Robbie o encantou nos primeiros vinte minutos e eles viraram duas horas. O senador J. Bennet Johnston, da Louisiana, ficou tão interessado em cosmologia que cancelou os compromissos seguintes e pôs em movimento o futuro de um ifo em seu estado, o Observatório LIGO de Livingston (LLO). Algum tempo depois, sentados de pernas cruzadas no chão, o professor Vogt e o senador Johnston desenhavam diagramas de espaço-tempo do início do universo e viam seus legados adquirir a gratificante sutileza dos detalhes — acordos feitos, lugares assegurados, dinheiro apropriado. Após dois anos de uma dura campanha política, o Congresso aprovou a destinação de 200 milhões à Caltech para a construção do LIGO.

Vogt diz: "O crédito é meu. Eu consegui o dinheiro. Foram dias difíceis. Mas, por Deus, prevalecer nesse tipo de luta... isso é que é vencer. E eu gosto de vencer".

Subitamente, o LIGO tornou-se o maior projeto jamais empreendido na Caltech (essa classificação não inclui o JPL, que pode gabar-se de missões gigantescas como a *Voyager*). Os cientistas da Caltech focados diligentemente em suas pesquisas, enterrados em seus laboratórios, contentes por não estar informados da política acadêmica, ouviram pela primeira vez o acrônimo LIGO como designação de um projeto que prometia 200 milhões de dólares para uma primeira geração de máquinas. Provavelmente muitos pesquisadores desorientados emergiram da toca abalados, agarrados a esse detalhe significativo, apesar de Kip ter feito campanha metódica para manter todos na Caltech informados e envolvidos.

O LIGO podia começar para valer. O terreno podia ser trabalhado (mas não seria, durante algum tempo), os prédios, construídos, e neles, nas duas décadas seguintes, os instrumentos atuais iam se concretizar, montados pecinha por pecinha, desconstruídos e reanimados, uma luz quente de um vermelho sanguíneo nas duas grandes artérias. Mas não antes de Robbie ser demitido.

Ele sabia que, por mais forte que soasse um número como este, 200 milhões de dólares, aquilo era apenas o esqueleto do projeto. Robbie podia mandar e desmandar no projeto. Nenhuma autoridade, somente os melhores cientistas do mundo trabalhando sete dias por semana, dezesseis horas por dia.

Na faculdade, alguns conjeturaram que, com uma contundência que beirava a paranoia, ele galvanizava uma nova equipe científica e um punhado de pós-doutorandos. Essa equipe contava com um dedicado líder com uma visão. Os espíritos estavam elevados, mas carregados. A viabilidade científica do projeto não era inquestionável. Havia resistência e suspeita por parte de cientistas fora do grupo, e talvez Robbie tenha usado a ameaça daquele inimigo amorfo para motivar sua modesta tribo, mantê-la unida e fechada, e leal, ao estilo de um laboratório de desenvolvimento avançado: uma equipe pequena, especializada, financiada e isolada quase secretamente para assegurar inovação sem restrições. Não se espera num laboratório de desenvolvimento avançado que a equipe obedeça a qualquer burocracia, e na estrutura organizacional costumam estar ausentes as hierarquias convencionais.

Uma referência aos programas de desenvolvimento avançado da corporação de espaço aéreo e defesa Lockheed Martin, o termo usado em inglês para o laboratório de desenvolvimento avançado, *skunkwork*, tem tons um tanto utópicos, de incubador irrestrito. Em Burbank, em 1943, em cerca de seis meses a Lockheed desenvolvera o primeiro caça a jato, o P-80 *Shooting Star*, sob uma tenda de circo onde se acumulavam os cheiros desagradáveis de uma fábrica de plástico próxima. Os técnicos de pesquisa e desenvolvimento gracejaram que o cheiro se encaixava nas emanações imaginárias da fábrica ilegal de bebidas Skonk Works, nas tirinhas de *Ferdinando*. O nome pegou, com uma ligeira adaptação, e tornou-se um pseudônimo para o projeto da Lockheed.

O estilo de gerenciamento de Robbie para um *skunkwork*, um programa de desenvolvimento avançado, era motivado por seu ódio arquetípico à autoridade. O que frequentemente o movia era seu desdém por uma supervisão executiva. Teria aceitado o cargo administrativo devido a essa aversão. Ao estudar uma alternativa à nomeação, teria pensado "Este idiota, não" e aceitado o cargo para que nenhum outro o tivesse. Ele diz: "Sempre que eu ocupava um cargo, ficava convencido de que quem estava acima de mim era um idiota e que eu tinha o trabalho mais importante. E, à medida que galgava os degraus, descobri que sempre havia mesmo alguém acima de mim que era um idiota". Para evitar esse problema recorrente, Robbie estava determinado a que não houvesse ninguém acima dele, nem mesmo a NFS. A ela caberia entregar os fundos e ficar fora da operação. Não haveria burocracia nem obrigação de justificar as decisões tomadas por cientistas à NFS ou a mais ninguém.

"Se uma autoridade quer poder, tem de me convencer a respeitá-la. Se são burocratas, simplesmente não os respeito, e, se não os respeito, não vou cooperar. Portanto, não cooperei e isso me causou uma porção de problemas. Mas proporcionou-me o conforto pessoal de que era assim que eu queria viver."

Robbie explica: "Todo aquele que viveu sob os nazistas deveria odiar a autoridade".

Ele descreve afetuosamente seu pai como um homem muito sarcástico e direto, um erudito e egiptólogo ardentemente contrário à ascensão dos nazistas. Sua mãe era apolítica. Era uma industrial, tendo herdado os negócios do pai. Robbie para um instante para me bajular um pouco: "Incidentalmente, tenho sempre um preconceito favorável às mulheres porque percebo que não estão usufruindo de direitos iguais, e não porque eu sou uma boa pessoa. A razão pela qual minha mãe conduziu uma grande operação industrial foi porque era filha única de um industrial... E eu admirava minha mãe. Ela foi a mulher mais linda e mais capaz do mundo... Me levava para suas fábricas, e eu entendia tudo... E tive professoras muito boas, e assim desenvolvi um preconceito positivo em relação a mulheres inteligentes".

"É um bom preconceito", eu o parabenizei.

Os arquivistas da Caltech já estão com as chaves da sala e coletam documentos oficiais. Havia ali latas de lixo de tamanho industrial de onde tirar o material — para descarte ou transporte, não estou bem certa. A evidência da existência de Robbie será depositada em arquivos para ser examinada por estudiosos. Ele tornou-se pai, um cientista realizado, um influente líder científico. Feroz, mas frágil. Antiautoritário e com uma enfática cobrança de lealdade. Num dia de maio de 1945, começou a escrever a história de sua vida, que ainda o impulsiona.

Muitos alemães sofreram sob os nazistas, ele quer que eu entenda. "Os outros alemães não foram vítimas como os judeus, mas a vida sob o regime era indescritível", ele continua. "Naquele tempo, os nazistas tinham um método muito poderoso de desencorajar as pessoas a se opor a eles. Quando prendiam um homem, prendiam sua mulher também." As crianças órfãs de prisioneiros políticos eram colocadas em escolas de cadetes e depois enviadas para lutar. Um garoto de catorze anos podia ser encarregado de chefiar toda uma tropa de pequenos soldados. Uma criança "tinha um corpo que poderia deter uma bala, e isso era tudo de que eles precisavam". Os pequenos não recebiam treinamento militar. Tinham picaretas e pás. Quando aconteceu a invasão, em 1944, e os britânicos entraram, o Exército alemão providenciou bazucas e fuzis e enviou esses garotos para o combate. Nenhum deles sobreviveria. A ira e o desdém pela autoridade profundamente enraizados em Robbie assumem vividamente a superfície quando ele descreve as atrocidades. "O governo tinha poder sobre seus cidadãos e o exerceu impiedosamente."

Essa digressão não tinha sido solicitada e veio quase subitamente. Foi com a mesma impulsividade que ele pareceu querer pôr um fim àquele impulso. Robbie desvirou o que eu supus ser uma ampulheta imaginária e golpeou pesadamente a mesa. "Em 8 de maio de 1945, o mundo sofreu uma reviravolta para mim. Comecei de novo."

Agora, na metade dos oitenta anos, ele me olha através das orquídeas murchas. Conta histórias que vão do engraçado ao terrível. É ao mesmo tempo vigoroso e frágil ("As manhãs são sempre duras", ele mencionou), porque é óbvio que os danos desses anos, que ele quer apagar, são irremediáveis. Robbie quer relembrar as contribuições que fez como cientista para a sociedade; a *Voyager*, o observatório Keck — o maior telescópio óptico infravermelho na Terra. (Ele foi figura central na obtenção do dinheiro para o Keck.) Quer lembrar até mesmo o LIGO. Ainda sente uma continuada obrigação de ser protetor da ciência, de seu país de adoção, de seus cidadãos e de seus ideais.

O início do fim dos quinze anos que ele quer esquecer veio com a invasão aliada. Lanço minhas primeiras perguntas sobre sua infância, e as lembranças nitidamente o fazem sofrer. Olha em volta, mas a busca é interior. Quer evitar isso. Fico confusa quanto aos fatos, e minhas questões são simples. Ele conta-me coisas, breve e lacônico. Os detalhes são pinçados, a formulação é cautelosa — aparentemente Robbie decidiu por um atalho curto de fatos mínimos como a mais simples e mais direta forma de sair desse terrível labirinto. "Não serei uma celebridade nem ninguém me fará de herói. Quero ser anônimo."

Ele olhou para mim para respirar um pouco, a única pausa em nossa conversa de mais de cinco horas. Sinto que estava avaliando minha confiabilidade. Olhou para mim com mais foco do que em qualquer outro momento de nosso encontro e pensei que estava buscando as chaves para determinar se deveria confiar-me uma resposta. Devolvi sua busca exploratória com olhos bem abertos, na expectativa. Baixinho — e Robbie não falava baixinho —, ele disse: "Você me perguntou se eu queria o cargo. Não. Detesto autoridade. E o exercício da autoridade... ele corrompe você".

12. Apostando

Stephen Hawking faz apostas científicas notoriamente ruins. Não ganhou nenhuma das muitas que fez publicamente. Ele apostou contra o teórico da Caltech John Preskill que de um buraco negro nunca escapa uma informação, nem mesmo a radiação epônima que o próprio Hawking descobriu. Depois admitiu ter perdido a aposta, embora muitos — inclusive Preskill, provavelmente — diriam que de maneira prematura. Kip estava do lado de Hawking na aposta, e não admitiu ter perdido.

Hawking apostou que a partícula de Higgs, que cola juntas as peças do quebra-cabeça de nossa realidade material, não seria descoberta. O físico de partículas experimentais Leon Lederman referiu-se à partícula de Higgs como a "maldita partícula", uma alcunha à qual seu editor resistiu, de modo que seu livro foi intitulado *A partícula de Deus*. Infelizmente, esse floreio pegou. A partícula de Higgs foi descoberta, prêmios Nobel foram concedidos e a descoberta foi ao mesmo tempo um desapontamento (não há nada mais?) e um triunfo (eles conseguiram!). Hawking pagou os cem dólares a seu colega Gordon Kane.

Hawking fez uma estranha aposta a respeito de alienígenas assassinos, ou robôs, ou algo assim. Como provavelmente nunca será resolvida, essa foi sua melhor aposta até agora.

Criticar Hawking como um péssimo apostador — não por ser compulsivo, apenas por não ser lucrativo — poderia levar a omitir o que se tornou óbvio em sua aposta mais famosa. Hawking apostou com Kip que não havia buraco negro em Cygnus X-1, a mais brilhante fonte de raios X avistada consistentemente da Terra (conquanto não intrinsecamente a mais brilhante fonte de raios X conhecida). A aposta foi feita em 1974, dez anos após os raios X de Cygnus terem sido detectados pela primeira vez. Hawking já tinha investido profundamente em buracos negros, tendo granjeado fama com sua percepção de que eles podiam evaporar. Às vezes Hawking lançava suas apostas só por diversão. O texto da aposta começava: "Considerando que Stephen Hawking investiu tanto na relatividade geral e nos buracos negros e deseja ter uma apólice de seguro, e considerando que Kip Thorne gosta de viver perigosamente sem apólices de seguro". Em 1990, Stephen e seu séquito invadiram a sala vazia de Kip para admitir a derrota, mas Kip estava na União Soviética. A nota promissória foi selada com a impressão do polegar de Stephen. Ele pagou na forma combinada, com uma assinatura de uma revista sobre sexo, "para ultraje da mulher liberada de Kip". Ao menos essa é a história divulgada desde então. "Nunca me senti ultrajada", diz Carolee Joyce Winstein, a mulher liberada de Kip. "Minha reação foi mais de surpresa... porque eu pensava que o movimento das mulheres estava bem adiantado na sensibilização das pessoas quanto a essas coisas. Claramente, eu estava enganada. Parece que isso foi pesado demais para a imprensa, e assim a coisa foi reduzida ao estereótipo da mulher ultrajada." Carolee, que não é nem um pouco pudica, acha isso tudo bem divertido.

Kip é um apostador mais bem-sucedido que seu amigo. Ele alega que ganha todas as suas apostas, contanto que não tenham prazo. Ele perdeu uma aposta com prazo para o prolífico astrofísico Jerry Ostriker, o qual, incidentalmente, contribuiu para a teoria de emissão de raios X a partir de Cygnus X-1.

Enquanto Vogt lutava no Congresso para obter financiamento, Kip Thorne fazia campanha na linha de frente científica. Jerry Ostriker ouviu uma entusiástica palestra de Kip para uma plateia em Princeton, na década de 1980. Ele não quis magoar Kip durante sua conferência, mas ficou pensando onde arranjava aqueles números. Eles se referiam a pretensas fontes de ondas gravitacionais com som alto o bastante para ser captadas pelo LIGO. Ostriker deixou-se convencer de que ondas gravitacionais eram geradas por sistemas astrofísicos. Mas não se deixou convencer de que teriam som alto o bastante, ou seriam abundantes o bastante para justificar o entusiasmo de Kip.

Kip já tinha ouvido isso antes, a acusação de ser um otimista, que ele pacientemente refuta com referências, documentos e gráficos já publicados. "Existe uma linha de 'crenças acalentadas'", ele me mostra uma figura num artigo que publicou em 1980, "que responde à pergunta 'Quão fortes podem ser as ondas sem violentar nossas acalentadas crenças quanto à natureza da gravidade ou à estrutura astrofísica de nosso universo?'. Elas correspondem a um céu realmente muito barulhento! Eu nunca aleguei que essas seriam *efetivamente* as forças das ondas." Kip continua dizendo naquele artigo de 1980: "No entanto, modelos atualmente ou recentemente admissíveis para o universo predizem que a mais forte [emissão de sinal] estaria muito além da linha de 'crenças acalentadas'...". E, embora alguns desses modelos admissíveis tenham sido desde então reclassificados como não admissíveis, houve consistência na pressão por detectores capazes de atingir delicadas sensibilidades, no âmbito das sensibilidades dos atuais e avançados detectores. (Houve até mesmo camisetas, produzidas para uma conferência em 1978, nas quais se lia, "10^{-21} ou nada".)

Jerry Ostriker e John Bahcall, de Princeton, foram provavelmente os críticos mais estridentes do LIGO. Kip, o encantador e persuasivo defensor do LIGO (eles poderiam ter dito "propagandista"), tinha de converter seus colegas e o Congresso, que não daria seu aval a uma missão científica tão grande e de longo prazo sem alguma segurança, sem algumas certezas. Ele conseguiu montar uma sólida causa científica para os sinais astrofísicos que, era razoável supor, o LIGO tinha alta probabilidade de ser capaz de detectar. Eles ouviriam *alguma coisa*. Provavelmente. Era quase garantido. Mas assim mesmo Kip não diria que era "absolutamente garantido".

Quaisquer que fossem as primeiras impressões, a existência real de algumas fontes não é mais contestada. As binárias compactas, para o LIGO, são certas, fontes infalíveis para observatórios de gravidade com base na Terra, na medida em que sabemos que existem, conquanto haja incerteza quanto à sua abundância. O decodificador "compacto" refere-se a estrelas mortas que entraram em colapso: anãs brancas, estrelas de nêutrons e buracos negros. São compactas — muita massa num volume muito pequeno. E estão mortas — não mais fulgem com um tremendo brilho, se é que têm algum brilho.

Quando Rai imaginou o LIGO pela primeira vez, não havia ainda certeza quanto às fontes. Vinte anos após Wheeler admitir dar um nome aos buracos negros, astrofísicos sumamente respeitados mantinham-se imperturbáveis ante a evidência teórica. Eles, com razão, esperavam mais: evidência empírica. Mas, mesmo quando essa evidência se acumulava, sempre poderia haver outra explicação para as observações que não a de um buraco negro central. As explicações alternativas ficaram cada vez mais elaboradas (talvez uma nuvem de gás se arme apenas para distorcer os dados e outras contorções). "O contrário da Navalha de Ockham",* diz Rai. "Explicações tão complicadas e arbitrárias... quero dizer", e, numa tirada desdenhosa ele diz o resto, "não posso ir para o MIT pedindo dinheiro para detectar buracos negros quando os membros mais considerados da faculdade não acham que eles sejam reais."

No entanto, havia uma excitação propagando-se nas fileiras. A descoberta dos pulsares convenceu muitos cientistas de que existem estrelas de nêutrons. A descoberta do pulsar do Caranguejo num remanescente de uma supernova brilhante fez a comunidade mudar para a opinião de que as estrelas de nêutrons eram o estado final do colapso gravitacional de pelo menos algumas estrelas. Havia evidência de buracos negros a partir de fontes de raios X brilhantes, como Cygnus X-1. E o argumento decisivo, o pulsar de Hulse-Taylor exibe indiretamente perda de energia para ondas gravitacionais. Com tanta gente convencida de que as estrelas morrem na forma de objetos compactos, cresceu a certeza quanto às fontes. A pergunta passou a ser: quantas?

Anãs brancas e estrelas de nêutrons são extremamente indistintas. Não as podemos ver se estiverem muito distantes, extragalácticas. Podemos ver evidência delas na Via Láctea, a cerca de 100 mil anos-luz de distância. Podemos ver supernovas em galáxias distantes, mas, se estiverem a milhões ou bilhões de anos-luz, não veremos os pálidos remanescentes que deixam para trás. Temos todos os motivos para extrapolar nosso conhecimento de nossa própria galáxia para outras. Há uma vasta população de estrelas na vasta população de galáxias no universo observável. Deve haver remanescentes mortas entre centenas de bilhões de estrelas

* O termo se refere a um princípio lógico segundo o qual qualquer explicação para qualquer fenômeno deve se ater apenas aos elementos estritamente necessários, desconsiderando os menos importantes ou duvidosos. (N. T.)

nas centenas de bilhões de galáxias. Mas objetos compactos extragalácticos são simplesmente indistintos demais para ter sido detectados até agora por telescópios.

Com tão vastas populações de objetos compactos, o LIGO espera poder detectá-los num observatório de ondas gravitacionais mesmo que eles não sejam vistos por telescópios. Um objeto compacto simplesmente parado lá, por si mesmo, não emitirá ondas gravitacionais. Uma baqueta, encostada longitudinalmente, não vai tirar som do tambor. Ela tem de se mover. As massas concentradas têm de acelerar para transmitir energia às ondas gravitacionais. O pulsar de Hulse-Taylor acelera em órbita em torno de outra estrela de nêutron. Muito possivelmente a maioria dos sistemas estelares nasce aos pares e morre aos pares, embora a explosão de uma supernova que forma uma remanescente em colapso possa às vezes ejetar a companheira. Uma classe inteira de estrelas de nêutrons e de buracos negros que são procurados pelo LIGO é a das que acabam sua vida num par. (Anãs brancas em binárias fazem soar o espaço-tempo em notas com frequência abaixo do alcance do LIGO.) Os objetos compactos orbitam um em torno do outro e as acelerações dessas baquetas arrastam e fazem rodopiar as curvas no espaço-tempo em torno delas, daí emanando ondas gravitacionais.

É aqui que o tom dirigido ao Congresso ganha ímpeto. Binárias compactas geram "marolas no espaço-tempo" na esteira de sua órbita e em detrimento da energia orbital, e assim espiralam juntas, um pouco mais próximas — elas são "inspirais". A cada órbita, as estrelas mortas se aproximam uma da outra e cada vez as órbitas duram um pouco menos.

Todos os sistemas binários astronômicos, não só os compactos, emitirão ondas gravitacionais. Revelando outras mudanças orbitais devido a efeitos no sistema solar, a Terra vai lentamente espiralar para dentro do Sol com perda de energia orbital para ondas gravitacionais. A Lua vai espiralar em nossa direção e o Sol, para o centro da galáxia, mas tudo isso é absurdamente lento e as ondas gravitacionais são débeis a ponto de ser imperceptíveis. Levaria muito, muito, muito mais tempo do que a idade do universo, por exemplo. O Sol vai morrer primeiro. A Via Láctea vai colidir com Andrômeda primeiro. A probabilidade de que nossa espécie esteja aqui operando interferômetros de ondas gravitacionais para detectar o Apocalipse não é muito boa. Hawking poderia fazer uma aposta sobre isso, por puro esporte.

Mas o LIGO será capaz de ouvir o estágio final de uma estrela inspiral ou alguma outra combinação de estrelas de nêutrons e buracos negros, um par de objetos compactos que ainda não vimos por estar distantes demais para ser detectados com telescópios. Imagine o momento final de uma colisão de buracos negros. Dois buracos no espaço, cada um deles com talvez trinta quilômetros de diâmetro, percorrendo centenas de órbitas a cada segundo, movendo-se a uma fração significativa da velocidade da luz antes de se chocar e fundir. Seus movimentos vão fazer o espaço soar alto o bastante para ouvirmos a calamidade quando as modulações rolarem para a Terra. E somente nos espasmos finais as ondas serão sonoras o bastante quando chegarem aos detectores. As chances de captar uma binária compacta, com duração de vida na casa dos bilhões de anos, em seus últimos quinze minutos são desapontadoramente improváveis se as observações se limitarem à nossa própria galáxia.

Na Via Láctea pode haver uma colisão de uma estrela de nêutrons com outra estrela de nêutrons a cada 10 mil anos, embora tais previsões sejam ainda muito incertas. Pode haver uma colisão de estrela de nêutrons com um buraco negro a cada centena de anos. Pode haver a colisão de um buraco negro com outro buraco negro a cada 2 milhões de anos. Assim, seria muita tolice passar cinquenta anos construindo o LIGO para gravar colisões de binários compactos somente em nossa própria galáxia.

O LIGO deve gravar o som do espaço originado em milhões de galáxias para poder gravar colisões de buracos negros ou estrelas de nêutrons numa escala cientificamente razoável (digamos, no espaço de um ano de funcionamento a partir do início da busca). Mas outras galáxias estão muito distantes, e assim o LIGO tem de sondar grandes distâncias para captar muito mais candidatos no âmbito observável. Mas, quanto mais distante, mais fraco o sinal, e assim, mesmo que a geração inicial do LIGO seja operacional por seis temporadas científicas (nas quais as máquinas estão totalmente operacionais e gravando dados), só poderia esperar detectar binários de estrelas de nêutrons num âmbito de aproximadamente 45 milhões de anos-luz, atingindo o aglomerado de galáxias de Virgem, e pares de buracos negros um pouco além. Parece que é longe, mas não o bastante. Não se ouviu nenhum deles.

Depois da fala de Kip em Princeton, há tantas décadas, Jerry fez a Kip a pergunta que tinha na cabeça: "De onde você está tirando esses números?". Essa visão otimista de que a primeira geração de detectores conseguiria ouvir a colisão de estrelas de nêutrons e/ou buracos negros baseava-se em abundância. Estimativas teóricas de números de tais sistemas eram totalmente incertas. Kip contesta que houvesse um otimismo tão exagerado, com a evidência, já mencionada acima, das propostas e dos artigos. Ele sempre admitiu que não era provável que os detectores iniciais fizessem detecções. Dizia que os números mais altos respeitavam a realidade, na medida em que não violavam as leis da física, mas que os números mais baixos é que eram seus objetivos. Jerry tinha pedigree em astronomia e os números da "crença acalentada" eram distrações e violavam o realismo astronômico.

Kip apostava havia quase trinta anos que o LIGO detectaria ondas gravitacionais na virada do século XX. Jerry insistia muito confiantemente que não. Ele condicionava o reconhecimento do fato a sensíveis qualificadores científicos, como o de que pelo menos dois grupos teriam de concordar que tinham sido detectadas ondas gravitacionais, e que cada grupo teria de concordar que o outro realizara corretamente a análise da detecção. Mas esses qualificadores acabaram sendo desnecessários. Janeiro de 2000 chegou e foi embora, e a geração inicial do LIGO ainda estava sendo completada, não podendo coletar dados. Jerry alega: "Minha aposta sumiu da parede dele em algum momento".

"Que fique registrado", diz Kip, "que penso que a aposta ficou continuamente pendurada na parede, exceto por alguns dias quando eu a tirei de lá para assinar minha admissão [de derrota]."

Jerry diz que não pediu que ele pagasse a aposta de imediato. Em vez disso, perguntava insistentemente aos amigos de Kip como ele ia. Com esse método paciente e obstinado, fazia com que transmitissem a seu amigo que a aposta tinha um vencedor.

Kip contrapõe: "Jerry obviamente está se confundindo. Perdi a aposta em janeiro de 2000. Tenho um belo bilhete dele, manuscrito, datado de 18 de abril de 2000, em que se lê: 'Muito obrigado pelo amável bilhete e pelo vinho MUITO bom! Eu, Jim Gunn, Bodhan Paczynsky, Scott Tremaine e Martin Rees bebemos tudo e brindamos à sua saúde e ao sucesso da detecção de ondas gravitacionais em geral e ao do LIGO em particular. Com os melhores votos, sinceramente seu, Jerry O'".

Jerry Ostriker é só um entre muitos astrofísicos que ficaram bastante irritados com o LIGO. Ele se refere especificamente a irregularidades no procedimento. O importante Levantamento Decenal de Astronomia e Astrofísica prioriza missões e estabelece programas para a década seguinte. Representa uma dimensão significativa de autogoverno científico. Jerry tinha atuado em três deles. O LIGO nunca havia estado na lista, embora haja alguma discussão quanto a John Bahcall ter se recusado a considerá-lo. Jerry irritou-se com o fato de que todos os grandes projetos das últimas décadas tinham sido detalhadamente examinados no levantamento decenal, mas não o LIGO. Ele se aborreceu, como outros, com o fato de ser gasto dinheiro com túneis, não com estudantes.

Quanto a essa questão, Kip protesta: "Um ponto-chave é que o LIGO estava sendo financiado pela divisão de física da NFS, não pela divisão de astronomia. A divisão de astronomia nunca esteve no circuito de nenhuma maneira significativa; sempre foi a de física.

"O LIGO foi examinado pelo Comitê do Levantamento Decenal de Física... Foi pela física da NFS que o LIGO foi financiado até se criar uma nova lista de financiadores", continua Kip. "Um aspecto dos mais importantes da aprovação do LIGO foi o enorme número de análises por que passamos, com comitês de revisão que contavam com cientistas duros de roer como Garwin, a partir de meados da década de 1980. Não haveria como a NFS aprovar o LIGO sem essas análises."

Um crítico que pediu para ficar anônimo sugeriu que a educação mórmon de Kip preparava missionários. Embora ele estivesse além da tediosa moralização, do sexismo e da religiosidade de suas raízes, o que essa sugestão implica é que Kip nunca repeliu o impulso de ser missionário de causas justas, e que o LIGO era uma dessas causas. Por que o LIGO foi financiado apesar de seus custos assombrosos e do tremendo risco? Porque Kip era um defensor muito cativante e convincente. Era também extremamente meticuloso em termos científicos, claro em sua análise e em suas avaliações, e respeitado por sua integridade. Kip conseguia fazer alguém acreditar.

A geração inicial do LIGO foi um sucesso tecnológico. Mas ainda não havia detecção. Gravar os mais tênues gorjeios a uma distância de bilhões de anos-luz requer uma elevação de nível do desafio tecnológico. O LIGO Avançado é projetado para alcançar mais de 1 bilhão de anos-luz, e a essa distância podemos chegar a milhões de galáxias. Com estimativas cuidadosas da população de estrelas, seus tamanhos e duração de vida, os astrônomos tentam predizer o número de binárias compactas que vão se fundir a uma distância em que isso será audível. E assim temos as fontes asseguradas do LIGO. É garantido que existem, embora até mesmo estimativas atuais de seu número sejam debatidas com igual veemência por parte de pessimistas e otimistas. O que ainda não é garantido é que um par de objetos compactos vai colidir dentro de um âmbito em que isso seja detectável durante nossa vida.

Contamos com a generosidade da natureza em prover fontes em abundância para que as máquinas ouçam a trilha sonora do universo dentro de períodos científicos razoáveis — um ano ou dois, e não vinte ou trinta. É bem provável que a operação não seja mantida nas instalações se não houver uma detecção em breve. O LIGO também precisa fazer mais para justificar o investimento, considerando os cálculos que foram feitos para um retorno adequado. Ele tem de "fazer astronomia". E essa provocação deixa muita gente preocupada, numa febre de cálculos excruciantes para expandir o âmbito da astrofísica que o LIGO pode explorar. Ele ainda tem muitos detratores e terá de justificar sua existência a toda a comunidade astrofísica. Isso continua a ser problemático para a coalizão. O retorno será suficiente? Haverá nele ciência o bastante para justificar a despesa?

Atualmente, o LIGO é a única máquina que se aproxima da capacidade de detecção, e assim a condição de Jerry Ostriker — de que pelo menos dois grupos concordem que as ondas gravitacionais foram detectadas e de que cada grupo concorde que o outro realizou a análise da detecção corretamente — não pode ser satisfeita. No entanto, Ostriker diz que ficará convencido se houver uma detecção coincidente com um telescópio. Um evento que seja ao mesmo tempo sonoro e brilhante — uma supernova ou estrela de nêutrons que irrompa em brilho quando os condensados ímãs supercondutores se chocam. Agora que o LIGO Avançado está essencialmente aqui, Jerry está interessado e aberto, e como muitos cientistas receberá com satisfação um retorno científico, sem azedume. Ele fez outra aposta com um cientista do LIGO, que não é Kip. Jerry acredita que as ondas gravitacionais, a ser confirmadas por uma correspondente observação num telescópio, não serão detectadas antes de 1º de janeiro de 2019.

No futuro distante, que promete ser muito mais longo que nosso passado (como um *googolplex** de anos para o nosso futuro, comparados com 13,8 bilhões de anos no nosso passado), todas as estrelas no universo estarão sem combustível. As que puderem vão colapsar em buracos negros, e posteriormente tudo cairá em buracos negros de estrelas maciças, que vão cair em buracos negros supermaciços, e então todos os buracos negros do universo vão se vaporizar em radiação Hawking. Isso vai levar um tempo muito longo. ("'Para sempre' é um tempo muito longo, especialmente o trecho mais próximo do fim.") Toda a radiação Hawking vai se dissipar num cosmo permanentemente em expansão, incapaz de preencher o vazio cada vez mais inflado, e a luz no universo vai acabar. Posteriormente cada partícula vai se encontrar sozinha, nenhum brilho no céu acima dela, nenhum sistema solar luminoso abaixo. Por agora, estamos aqui, e o céu brilha, apesar de um tanto tranquilo. A aposta reside no fato de que ele não é silencioso.

* Número equivalente a dez elevado a um *googol*, por sua vez equivalente a dez elevado a cem. (N. T.)

13. *Rashomon*

Em 1987, Ron Drever tinha aceitado a dissolução da Troika e, como sua sucessão, a estrutura hierárquica com Robbie Vogt como diretor. Ele simplesmente não tinha outra escolha. Antes desse desfecho, voara até Washington para algumas reuniões e lamentou-se com Rich Isaacson, da NFS, que com paciência e persistência o instruiu ("à queima-roupa", diz Kip) a aceitar um único diretor com autoridade de tomar decisões, ou o projeto morreria ali.

No início do mandato de Vogt, Drever diz que não estava totalmente infeliz, conquanto o outro tivesse feito muitas mudanças organizacionais e demonstrasse ter um temperamento difícil. A operação como um todo ficou mais profissional e mais efetiva, e passou a ter um financiamento mais substancial. No início, Drever pensou que Vogt era "bem legal", embora se ressentisse de que nem todas as suas decisões fossem implementadas de imediato. Mas Ron tinha a impressão de que Vogt deveria ser a única voz do projeto que a NFS ouviria diretamente. (Outros consideram isso um exagero, citando apresentações em grupo à fundação.) Ron sentiu seu poder escapar lentamente das mãos. Reclamou, dizendo que seria difícil para qualquer outra pessoa da equipe entender completamente o status das operações em todos os níveis, tão rígido era o controle de Vogt sobre o fluxo de informações — impressão de Ron, mas não, por exemplo, a de Kip. Ele estava preocupado que o progresso científico também fosse desacelerado para que a proposta fosse redigida. Kip teve de intervir e escrever substancialmente, já que Ron odiava fazer isso, o que levou a algum atrito. Ron criticou o fato de algumas declarações serem otimistas demais, muito preocupadas em convencer, particularmente quanto a estimativas de desempenho de instrumentos. Suspeitava que Kip estivesse aborrecido com ele, achando que era minucioso e rabugento. Em retrospecto, Ron se pergunta se a tensão não teria aumentado sem que ele se desse conta.

Em 1991, Stan Whitcomb era vice-diretor, assessor e embaixador de Robbie Vogt, além de uma espécie de terapeuta. Ele era um dos pesquisadores originais do projeto LIGO em 1980, mas o deixara em 1985, quando foi recrutado pelos caça-talentos da indústria aeroespacial, devido a um recuo nas perspectivas, ainda incertas, de sua carreira acadêmica, atrelada como estava ao então altamente incerto futuro do projeto. (Outros atribuem sua partida a tensões com Ron.) Stan foi atraído de volta pela lembrança da época mais divertida de sua vida, como ele diz, na qual só ficava ciscando no laboratório, inovando. Nos primeiros dias, no início da década de 1980, só havia três pessoas se tanto no laboratório alocado para pesquisa e desenvolvimento. Cada uma sabia o que estava fazendo e usava as próprias mãos. Ele voltou em 1991 como vice-diretor, numa época de mais otimismo, mas também mais séria, menos exploratória. Stan descreve Robbie como um diretor rude, porém eficaz. "Enquanto Rai, extremamente analítico, e Ron, fantasticamente intuitivo", ficavam num impasse na Troika, Robbie obrigava todos a trabalhar juntos com eficiência. Ainda assim, Ron Drever e Robbie Vogt não conseguiam se dar bem.

Finalmente todos os elementos estavam no lugar para o LIGO dar a largada, e a equipe sem dúvida estava ansiosa e impaciente após três anos de um estudo minucioso, mais um ano para elaborar uma proposta coerente e dois anos de batalha no Congresso. O próximo engajamento deveria ser um confronto entre eles e a natureza, seres humanos contra elementos. Os baluartes para um posicionamento seguro tinham sido localizados, à medida que aumentava a confiança nas fontes astrofísicas, e decidira-se apostar nos buracos negros e nas estrelas de nêutrons. O grupo deveria ter ficado agitado, pronto para irromper em largas passadas. Em vez disso, enfrentadas e vencidas as desavenças externas, Robbie correu um dedo pelas fissuras internas, antes ínfimas demais para desviar a atenção das crises com o exterior. Como uma língua que percorre um dente quebrado, a menor fratura pode ter sido percebida como um precipício.

A despeito dos pontos-chave compartilhados, os personagens principais elaboraram interpretações contraditórias do que viria a seguir. Muita gente recusou comentar o conflito subsequente. Não estava em último lugar na lista de motivos para isso uma relutância em criticar Ron em público, o qual pode ter parecido inadequadamente qualificado para lidar com o descrédito, mesmo em ótimas circunstâncias. Em muitas horas de entrevistas gravadas durante cinco sessões, em 1997, conduzidas por Shirley Cohen para o Projeto de História Oral da Caltech, Ron relatou, sem hesitação, sua própria visão dos fatos. Em minhas entrevistas com os principais cientistas do LIGO, os que se dispuseram, mesmo relutantemente, a comentar o fato passaram relatos razoavelmente consistentes uns com os outros, mas discrepantes do de Ron. E quase todos pediram anonimidade.

Dos registros de 1997 surge a versão que se segue, aqui expressa em deferência ao ponto de vista de Ron. Ele descrevia os problemas que começaram no fim da década de 1980 sob a liderança de Robbie Vogt. Talvez não com toda a força de seu rancor, mas com o bastante. Vogt começara a atacar Drever nas reuniões de grupo semanais. "Particularmente, acusando-me de não estar usando o método científico. E isso me magoou muito." Drever atribuiu as técnicas que aprendera no Reino Unido à influência de Rutherford. Ele cortava caminho sem comprometer o desempenho, fazia muitos experimentos com grande rapidez, pulava por cima de detalhes irrelevantes e movia-se muito rápido. Suas práticas não deveriam ser mal interpretadas como desleixo. E não há dúvida de que Drever inventou uma coleção impressionante de engenhosas técnicas experimentais e projetou elementos significativos e originais que ainda são cruciais nas máquinas atuais. Ele alegou, em sua defesa, que seus métodos os tinha posto na dianteira. Era capaz de trabalhar com o dobro da velocidade dos grupos tradicionais, e sempre frugal, com menos dinheiro. Com frequência, para ele, outros cientistas pareciam convencionais, incapazes de fazer o tipo de salto do qual era capaz depois de considerar muito intensamente um problema. Vogt apenas não compreendeu os mecanismos do gênio de Drever.

"Eu dava um passo que não era óbvio, e ele funcionava. Robbie diria: 'Ele adivinhou!'. Bem, eu não tinha adivinhado. Minha intuição era muito poderosa — ela *é* muito poderosa... mas acho difícil explicar isso." Drever continuou: "Mas ele ia ficando cada vez mais contra mim, e na época eu não sabia exatamente por quê".

Os ataques nas reuniões semanais eram preocupantes e difíceis, e, para Drever, desconcertantes. Sem saber ao certo como lidar com aquilo, ele frequentemente ficava quieto. Então, Vogt destituiu Drever como encarregado do laboratório. "Fiquei chocado — lembro que quase me deixei abater."

Peter Goldreich, professor emérito na Caltech e em Princeton, relata: "Lembro-me de Ron dizendo uma vez: 'Isso é terrível, isso é terrível'. Robbie vivia gritando com ele. E eu disse: 'Por que você não vai embora quando ele fizer de novo?'. Ron respondeu: 'Eu posso fazer isso?'. E eu disse: 'Claro que pode. Você é um professor aqui'. Não dava para acreditar como Ron era ingênuo".

Peter foi um dos membros do corpo docente que originalmente apoiou a contratação de Ron Drever para tocar o programa experimental do LIGO. "Para mim ficou claro, nas poucas vezes em que me encontrei com ele, que era um sujeito engraçado... era totalmente desapegado e envolvido com a física, e muito intuitivo... Eu sabia por experiência que Robbie era capaz de desenvolver ódios irracionais pelas pessoas e que era muito eficaz em convencer os outros de que seus alvos realmente mereciam desdém. Por isso me senti mal com o que acontecia com Ron. Senti-me responsável."

Na terceira das cinco entrevistas que Shirley Cohen fez com Ron entre janeiro e junho de 1997, ele tergiversou em relação ao ponto culminante da história, às vezes de maneira cíclica, repassando e repetindo tópicos já mencionados. Ela parecia exausta e o incentivou a fazer um resumo. "Estamos chegando ao ponto em que fui posto para fora!", ele ri, e o lado dois da fita chega ao fim. Seriam necessárias mais duas fitas até a demissão.

"Sou ligeiramente disléxico, ou algo assim", admitiu Ron. Como sentia estar em desvantagem na assimilação de informação, quis gravar as reuniões para repassar depois, mas Vogt não permitiu. Na reunião mais bizarra de todas, de acordo com a lembrança que Ron tem dos incidentes, ele lhe apresentou duas regras. "A primeira e mais estranha das regras foi que nunca deveríamos estar os dois no mesmo recinto ao mesmo tempo. Foi isso que ele disse." As duas testemunhas registraram versões diferentes, que eram menos absurdas. Se Ron entrasse na reunião semanal, Vogt sairia e a reunião seria cancelada, portanto Drever estaria destruindo o projeto. "A outra regra era mais ou menos assim: Eu não deveria utilizar nenhum dos equipamentos do projeto —

fotocopiadoras, telefones e afins." Anos depois, quando relata essa história, ele parece perplexo, totalmente transtornado, confuso, e depois até acha certa graça. "Foi uma reunião significativa, creio, de tão esdrúxula. Foi logo antes, acho, daquela conferência na Argentina."

Ron fora proibido de apresentar seu trabalho em outros locais, em universidades ou conferências. Em consideração ao projeto, infeliz e angustiado, concordou com a maior parte das exigências. "Eu não sabia o que era normal neste país. E estava mais ou menos aprendendo que era muito diferente daquilo com que eu estava acostumado. Nada disso poderia ter acontecido no lugar de onde eu vinha. Mas tudo bem, eu não sabia quais eram as normas."

A exceção fatídica a essa concordância foi em relação à conferência na Argentina. Em 1992, Drever pretendia apresentar seu trabalho com Brian Meers, um colega de Glasgow que tinha analisado suas ideias, desenvolvendo a teoria de reciclagem da luz do laser no ifo. (Colegas então presentes lembram-se de sua colaboração com Meers, diferentemente de Ron. Eles relatam sua resistência às ideias do jovem Meers e sua frustração com a ênfase dada a elas.) Os dois estavam preparando um trabalho conjunto quando Meers morreu num acidente de montanhismo. Treinando para passar as férias nos Alpes, Meers e um colega, Patrick Grey, escalavam a montanha mais alta da Escócia (Ben Nevis) num clima não propício quando caíram num precipício. "Foi um choque terrível para todo mundo, e obviamente para mim também. Todos gostávamos de Meers, e ele morrera." Ron sentiu certa urgência, que ele sugere ter sido causada pela tragédia, de apresentar o trabalho na conferência na Argentina, em 1992. Ele fez isso apesar da proibição de Vogt.

No dia em que retornou ao campus, foi expulso do projeto.

Foi a administração da Caltech, não Robbie especificamente, que despediu Ron. Em seguida, em 6 de julho de 1992, Robbie enviou um memorando à comunidade LIGO e a uma boa parte da Caltech. Ron Drever não participava mais do LIGO. Não lhe foi permitido retirar seus pertences pessoais de sua sala sem a presença de um membro da equipe.

A questão tinha se tornado tão amorfa, tão sem linhas definitórias, que se estendia ao passado tanto quanto ao futuro. Ron vagava por sua memória, inclusive a dos bons tempos, os primeiros cinco anos, quando pensava que o trabalho estava indo muito bem, para descobrir indícios de sabotagem que antes não tinha detectado. Com base em rumores, soube que Vogt havia reclamado dele junto à administração durante aquele período, como se por prevenção — Ron acreditava que a intenção era de destruir sua reputação.

Talvez Vogt esperasse que Drever pedisse demissão, como em Glasgow, como qualquer pessoa psicologicamente mais convencional e reativa faria. A mentalidade de Ron pode tê-lo feito ser estranhamente resistente a uma manipulação comum. Mesmo sendo empurrado incessantemente em uma direção, ele ainda poderia se movimentar para outra, de maneira imprevisível. Parecia que sua reação primária à pressão era uma perplexidade impassível, e não uma resignação rancorosa. Ron vivia para o trabalho, para o laboratório, para a implementação de suas inspiradas ideias. O centro do LIGO era na Caltech. Para ele não havia mais nada, nenhum lugar aonde ir.

A porta que comunicava sua sala à de sua secretária foi um dia lacrada. Não trancada, mas murada. Pedreiros foram chamados e deixaram apenas uma vaga ideia da porta, no que Ron criticou como sendo um trabalho dos mais ordinários. Sua secretária foi removida (Para onde? Um porão?) e tudo o que Ron conseguiu pensar foi: "Isso é terrível".

"Houve um curto interregno quando me disseram para não vir trabalhar." Ele diz essa última parte muito lentamente e com triste incredulidade. Surgiram rumores de que Peter Goldreich entrou por uma janela para ajudar Ron a acessar sua sala depois de terem trocado as fechaduras. Mas Peter não confirmou esse boato. Ele só diz: "E então recebi o memorando que Robbie tinha escrito para a comunidade LIGO... Isso realmente me chateou". Peter fez-me um aceno para que abandonasse o assunto quando lhe perguntei se realmente tinha entrado pela janela, não como a dizer "isso é uma antiga história", mas porque aquilo ainda o deixava irritado. "Creio que Robbie se ressentia mais do que tudo do fato de que ele próprio, o grande motor do avanço, estava dirigindo o projeto enquanto aquele homenzinho rechonchudo e incompetente, Ron, ia obter todo o crédito — e talvez até mesmo um Nobel. E é claro que ninguém daria valor a Robbie — ele tinha um problema com coisas desse tipo... Eu realmente não entendi isso, porque todos o admirávamos. Eu disse a Robbie no fim que ele deveria pedir demissão, pois ia acabar sendo mandado embora. Ele nunca venceria. Não poderia sobreviver àquele tipo de coisa. No fim, seria despedido."

Vogt diz que a verdadeira crise irrompeu quando Drever "começou a chamar todo mundo para dizer que eu era mentalmente perturbado e estava construindo um instrumento que nunca funcionaria". (Drever contesta expressamente essa acusação.)

Rai Weiss quis deixar seu registro a respeito. "Ron foi transformado em *persona non grata* do projeto. Não tinha permissão para comparecer às reuniões. E isso foi uma medida além do necessário. O corpo docente da Caltech ficou completamente alarmado com isso, dizendo que não era possível um LIGO sem Drever. Muitos ali achavam que Ron era um gênio — quer dizer, até Kip achava isso — e que Robbie não o estava protegendo. O gênio estava reclamando."

"Eu simplesmente não conseguia entender nada daquilo. Era muito estranho", disse Ron. Mais tarde, com o incentivo de seus poucos aliados, ele preencheu uma queixa que foi acolhida pelo Comitê de Liberdade Acadêmica, importante delegação independente da administração da Caltech. Sobre o relatório desse comitê, Ron diz: "Basicamente, me apoiava com veemência... é um bom relatório. Diz coisas muito fortes... Minha liberdade acadêmica fora violada...". Ainda assim, nada aconteceu durante anos. Ron era mal recebido no local. Ele estava "assustado", tinha medo de entrar nos prédios do LIGO.

Incompreensivelmente, buscou uma recolocação ali. Durante uma reunião de um comitê de supervisão que incluía membros externos, Drever esperava apresentar uma proposta científica, enquanto Vogt esperava apresentar uma contraproposta. Com isso, uma decisão seria tomada com base no mérito científico. Mas, em vez disso, Ron ficou desalentado ao entrar numa sala com os apoiadores de Vogt, que se ergueram um após outro para fazer "ataques pessoais". Ele diz, numa voz emocionada: "Aquelas pessoas tinham sido minhas amigas".

Há outras facetas nessa história, claro. Entre os que só quiseram comentar na condição de anônimos surgiu uma versão razoavelmente coerente, da qual o relato de Ron destoa um pouco. As citações, aqui mencionadas sem atribuição de origem, compilam uma visão oposta. "Antes de Robbie se tornar diretor, Ron já tinha alienado a maioria dos membros da equipe do LIGO, e nos anos subsequentes essa alienação aumentou... Entre os fatores que contribuíram para isso estavam seus esforços por manter controle total e exclusivo da pesquisa do grupo, usando outros cientistas como seus assistentes e raramente atribuindo a eles qualquer responsabilidade ou autoridade significativas." "Ron estava inflexivelmente agarrado ao que ele mesmo chamava de suas próprias 'estratégias não padronizadas de pesquisa', baseadas em sua intuição, e não em estudos analíticos, e ele não ia ou não poderia conduzir uma abordagem sistemática. Em 1988 e no início de 1989, Robbie tentou impor métodos sistemáticos mais padronizados. Ron procurou impedir esses métodos, evitando que membros da equipe o seguissem." "Ron relutava em delegar responsabilidade." "Ron era muito desorganizado e tinha grande dificuldade de tomar decisões, levar as coisas até o fim e cumprir prazos — deficiências que impediam seriamente a liderança de um esforço sistemático de pesquisa confiado a muitas pessoas." "Quando Robbie — forçosamente — tentou assumir o controle do projeto, Ron lutou contra ele — não de frente, mas agindo em suas costas de várias maneiras, boicotando seus esforços. Isso levou Robbie a se comportar muitas vezes da maneira infeliz que Rob descreveu." "A vedação daquela porta foi parte de um conjunto de modificações da sala da secretária que Robbie queria que fossem feitas... as alterações, inclusive a vedação da porta, tinham sido discutidas com Ron antes de ser feitas. Evidentemente, Ron não se lembra dessa parte." "A troca da fechadura da sala de Drever foi requisitada por Robbie para que ele não fosse acusado por Ron de entrar lá e levar suas coisas... Essa troca foi discutida com Ron... ele poderia ter a chave nova. Se Ron chegou um dia e se viu trancado do lado de fora evidentemente se esqueceu da conversa." "Das 25 violações da liberdade acadêmica alegadas por Ron, o Comitê de Liberdade e Estabilidade Acadêmica concluiu que [só] havia uma efetiva e dois incidentes de infração de direitos." "Creio que posso dizer isto sem ser calunioso: ninguém conseguia lidar com Ron."

Todo esse prolongado episódio acabou merecendo um nome, ficando conhecido como o Caso Drever. Rai diz: "Tanto Ron como Robbie exigiam uma lealdade da mais profunda. Esse é o termo correto. Você está comigo ou contra mim? Ron estava questionando as decisões técnicas de Robbie, e Robbie achava que era mais do que mero administrador. Quer dizer, acho que se você tocasse em um ponto sensível — se você alguma vez lhe dissesse que era um administrador, ele pularia em cima de você. [Robbie diria:] 'Sou um físico, e posso pensar nessas coisas, como qualquer outro.' Eu respeitava isso, porque ele não é burro. Mas Ron não lhe concedia isso, entende? E foi isso, creio, fundamentalmente, o que aconteceu com eles. Ron apertou um botão que fez Robbie se sentir uma pessoa de segunda categoria, e Robbie não conseguiu lidar com isso".

Rai continua: "De repente, deparamos com essa terrível polarização. Enquanto isso, o verdadeiro erro estava em curso. Ainda estou tentando proteger Robbie, mas o verdadeiro erro foi que o projeto não estava progredindo".

O conflito final veio em 1994. "Aconteceu quando demos início aos contratos com a Chicago Bridge & Iron, que construiu os tubos. Eu era o conselheiro científico. Robbie deu um chilique — um chilique em público — com o sujeito da NFS que estava lá para ajudar. E isso prejudicou o projeto.

"O sujeito da NFS fez uma pergunta que Robbie considerou hostil. Para mim, era uma pergunta perfeitamente sensata. E ele deu um chilique. Nunca vi algo igual. Ele foi birrento e temperamental. Ficou vermelho. Robbie, bem corpulento, gritava com o pequenino funcionário da NFS. Ele disse: 'Você não pode fazer isso conosco. Você tem de calar a boca'.

"O presidente da CB&I e todos os engenheiros se entreolhavam e tentavam entender quem era aquele doido atacando o sujeito da NFS. Quero dizer, esse era o cara que fornecia o dinheiro. Que diabo o outro estava fazendo? E lembro que foi então que rompi com Robbie, o que foi muito duro para mim. Provavelmente a coisa mais dura que já fiz. Sinto que realmente o magoei.

"Eu disse: 'Você está encrencado, não posso mais protegê-lo... É hora de ir embora. Você já cumpriu sua função. Odeio dizer isso'. Robbie entrou então num desses terríveis pânicos depressivos em que ele parece estar prestes a morrer. Virou um completo... parecia um esqueleto. Seu semblante mudou. Ficou branco. Estávamos juntos no carro. Ninguém disse uma só palavra.

"Quando saímos, eu disse: 'Sinto muito, Robbie'.

"E ele me disse, quando comecei a caminhar e estávamos prestes a nos separar — eu ia pegar meu avião e Robbie o dele —: 'Você sempre enxerga as coisas errado'."

Stan relembra: "Isso coincidiu com o terremoto em Northridge. Mas foi só uma coincidência", ele me tranquiliza. "Lembro que estávamos em Washington e íamos ser triturados pela NFS, teríamos que pedir clemência, então as notícias sobre o terremoto em Northridge apareceram na TV naquela manhã."

Rai também estava em Washington mais ou menos na mesma época para uma reunião. "Robbie foi interrogado pela NFS. Foi uma cena absolutamente abominável. Ele procurou justificar suas decisões. Nem deveria ter tentado. Por que tinha se livrado de Drever. Por que ficava sentado sobre o dinheiro. Por que não tinha designado uma equipe maior para o projeto. Tudo o que fizeram foi ler para ele os relatórios do comitê. Robbie ficou lá sentado como um homem morto. E isso foi o fim."

Em defesa de Robbie Vogt, Kip estendeu-se sobre as grandes coisas realizadas sob sua liderança. Ele sistematizara a pesquisa e o desenvolvimento para que uma equipe eficiente ganhasse terreno no projeto e na implementação dos elementos do ifo; criara um programa de pesquisa apropriado; supervisionara a seleção das localidades, o projeto do sistema a vácuo e os tubos de feixe; forçara a tomada de decisões difíceis quanto à geometria óptica e ao laser; facilitara um primeiro corte no desenho detalhado do interferômetro inicial; assegurara a aprovação do LIGO em todos os aspectos, desde inspeções até a conceituação pelo Congresso. (Os fundos para a construção final ainda não tinham sido liberados.) Vogt fez deles uma equipe única em busca de um objetivo atingível.

Robbie agora dá de ombros. "Eu era um apostador. Estava convencido de que poderia construí-lo eu mesmo." Ciente de que sua reputação o precedia, na quinta hora da conversa disse, em parte se defendendo, em parte confessando: "Os erros que cometi foram motivados pela informação de que dispunha na época". Nessa primeira parte, ele foi enfático. Depois acrescentou, sorrindo: "E pelo meu temperamento".

Ron Drever foi expulso do núcleo do projeto. Recebeu aproximadamente 1 milhão de dólares, um espaço na Caltech para suas próprias pesquisas e um laboratório novo que seria problemático desde o começo (menos instalações, local pouco propício, inadequado a qualquer renovação). Em 1997, o laboratório de Drever ainda não tinha sido terminado apropriadamente e nem mesmo contava com financiamento. Ele observava, frustrado, a construção do LIGO em Hanford e Louisiana começar. Quanto aos experimentos que estava capacitado a realizar, disse que tinha um "forte sentimento de que estavam em segundo plano, não sendo tão importantes quanto a detecção de ondas gravitacionais. E sinto-me em grande desvantagem — quase forçado, por razões que não compreendo, a não prestar minha total contribuição para isso... Não consigo deixar de sentir que poderia ter feito mais, que poderia estar fazendo mais".

Rai diz: "Esse episódio é a parte ruim do LIGO. A história de Ron Drever é uma tragédia. Nem Robbie nem Ron se recuperaram realmente. Ninguém quer ressuscitar aquela porcaria. Infelizmente, está nos registros públicos. Mas não precisa estar em seu livro".

14. O LLO

As pessoas com certeza são mais gentis no Sul. Não me importo se é uma bondade inerente ou um reflexo. A voz de Jamie, que cresceu em Atlanta, evoca uma leve lembrança do Sul. Ele me apanha no aeroporto de New Orleans em seu caminho para Ligo Livingston, perto de Baton Rouge. Percorremos a estrada por algum tempo. Uma conferida no Bayou. Uma olhada no Mississippi. Ao encontro do fim da Terra. Ele me faz um resumo do estado da instalação do detector avançado, até percebermos que perdemos a companhia do rio e que nossa saída passou uma hora antes.

O LLO fica em Livingston Parish. Arquitetonicamente, os dois observatórios, o LHO no estado de Washington e o LLO na Louisiana, são tão semelhantes quanto possível. À primeira vista, eles são fisicamente idênticos. Brian O'Reilly, o chefe de instalação, diz num sotaque irlandês que eles deixam trancada a banda da porta dupla oposta à que é trancada no LHO, e que toda vez que vai a Hanford ele puxa a banda errada.

Culturalmente, há diferenças palpáveis entre os dois laboratórios. O LLO tem um inegável verniz sulista. "Isto é a Louisiana", eles me lembram. Esse lembrete me é proferido por um argentino, um irlandês e um australiano. Como é típico, os cientistas são de toda parte. Mas os técnicos, os operadores de salas de controle e a equipe de apoio são, e isso é importante, predominantemente da Louisiana, e com isso o laboratório é impregnado de um matiz sulista.

Os instrumentos são engenhocas fantasticamente complicadas, tanto que parece impossível que sejam idênticas, embora Brian O'Reilly e Mike Landry, um a contrapartida do outro nos dois observatórios, tentem minimizar essas diferenças. Há uma constante comunicação atravessando o continente, e a cota média de informação que eles têm de armazenar, recuperar, assimilar e compartilhar parece desumana. Há sistemas de acionamento, ruído, isolamento sísmico, luz espremida e estabilização de laser, configuração de modos de operação, saídas de CC versus saídas de RF, pontos de acesso escuros e pontos de acesso ativos, sistemas a vácuo ativados, hidráulicos, de refrigeração e de controle. Eu me pergunto se existe uma só pessoa nesse processo colaborativo que compreende aquilo tudo. O indivíduo previamente merecedor desse galardão é Stan Whitcomb (sobre ele, Braginsky disse: "É um bom companheiro e excelente pesquisador — uma pessoa fantasticamente delicada, gentil, sensata, muito bem-educada e adepta das relações públicas. Um pesquisador de primeira classe, sem dúvida"). Stan tem agora outro trabalho importante, com o LIGO-Índia, que é exatamente o que você está imaginando que é.

Caso se pedisse às pessoas que fossem irredutivelmente honestas, fechassem os olhos e imaginassem quem chamariam agora se o interferômetro simplesmente não funcionasse, elas diriam — é o que me contam — "Rana". Fechariam os olhos e diriam Rana, como se fosse um encantamento. Não se deixe enganar pelo lírico nome indiano. Rana Adhikari cresceu na Flórida, filho de um engenheiro da Nasa. Ele se lembra de estar brincando no pátio da escola quando estava no sexto ano e de se voltar para o céu com os outros garotos quando o ônibus espacial *Challenger* ardeu na cúpula azul e despencou em forma de destroços. O professor chorava, enquanto as crianças, confusas com aquelas faíscas inidentificáveis, voltavam a suas brincadeiras.

"Não consigo tirar os olhos de Rana", diz Jamie. "É uma espécie de celebridade." Parte do seu carisma está relacionada com o poder social da apatia. Ele, contudo, não é apático. Verdade que às vezes ouve os outros com desinteresse, e isso pode ser interpretado de maneira errada. Ele pode às vezes fazer uma observação sobre a contribuição de alguém à conversa, normalmente com um leve tom de chacota, a voz tão macia e calma que você pensa que está concordando, deixando que o significado do que diz lentamente se revele como zombaria. Quando Rana fizer abertamente suas censuras, aposto que sua voz será exatamente a mesma, doce e melíflua, em uma crítica sem maldade, como se lamentasse ser o portador de uma avaliação tão desagradável.

De novo, parte do seu poder social não é a apatia em si, mas sua aparente indiferença a uma validação externa. Rana não precisa que você goste dele, numa sensata postura de autoestima. Duvido que essa autossegurança seja humanamente possível, mas a impressão, a ilusão criada, é poderosa. (Contraste: na primeira vez em que ouvi Rana começar uma de suas histórias com "Minha amiga Janna" eu me deixei inflamar de felicidade.) Em geral, imagino que quando ele ficar mais velho — está atualmente na casa dos trinta — parecerá ser um sábio ancião, e suas avaliações humilhantes serão aceitas como sabedoria a ser recebida com gratidão.

Rana tem um jeito de cortejar a máquina, de convencer o ifo a voltar atrás. O interferômetro fala consigo mesmo e entra em *looping*. E existe lá um monte de canais para alimentar a si mesmo. Quando pergunto a Rana sobre sua reputação, ele concorda:

tem jeito com instrumentos. Ele anui com seriedade, sem bazófia, e explica que memoriza tudo o que pode sobre cada um dos sistemas, de modo que é capaz de pensar somente no problema em questão e nas possibilidades, em vez de querer voltar para a escrivaninha e o computador, com papel e caneta, e dedicar várias horas aos cálculos. Simplesmente não há tempo para esse tipo de coisa, e assim ele tem de imaginar como tudo deveria funcionar, depois de certo modo dizer se vai de fato funcionar ou não. Rana chegou a se preocupar que talvez tivesse perdido essa aptidão, mas agora que a instalação do LIGO Avançado está a caminho, ele sente que ela está voltando. Até mesmo a porta-voz do LIGO, Gabriela González, diz: "A máquina simplesmente trabalha melhor quando Rana está por perto".

Eu escrevo para ele: "Rana, quero voltar ao LLO dentro de algumas semanas. Você me encontra lá?".

"Viajar? Acabo de voltar da Índia e da Austrália. Nunca mais vou entrar em um avião... ou pelo menos até esquecer o que são dezesseis horas de voo. Vou ver com os *cajuns* e dou um retorno."

Parecia ser importante ver a máquina através dos olhos de Rana (grandes, escuros e subcontinentais, uma poderosa constante em seu rosto, que ele altera com irônicos e breves bigodes, às vezes comicamente grandes). Depois da última vez que visitei Livingston, Rana perguntou: "Eles contaram sobre os robalos?" "Não." "Que diabo de excursão você fez?"

Os novos braços do LIGO, encerrados em túneis de cimento, iam afundar no pântano, e assim eles tiveram de cavar por baixo e como que escorá-los, deixando fossos que corriam ao longo da estrada de acesso. Os fossos se encheram de água, por causa do pântano. Então algo espantoso aconteceu. Eles se encheram de robalos. Ninguém sabe de onde surgiram. Eu sugeri que um tornado tinha levantado os robalos no ar a quilômetros de distância, então atravessado o estado aos tropeços para depois despejá-los aleatoriamente no LIGO, antes de se dissipar ou juntar forças no golfo. Adaptei essa teoria do filme *Magnolia*. E creio também ter lido contos em que vacas eram cuspidas cinco quilômetros ao sul de seu rancho por um tornado, mortas, mas fora isso intactas. Rana acha essa hipótese tão boa quanto a favorita, de que pássaros tinham pisado na lama e carregado ovas de peixe consigo, depois voado até ali e pisado nas lamosas trincheiras. Eu na verdade acho que essa teoria é melhor do que a minha, uma vez que não há evidência de uma chuva de robalos que morreram por não ter caído providencialmente no fosso.

No início Rana não tinha acreditado na história dos robalos. Então um dos engenheiros apanhou um deles e levou o peixe ainda vivo, com um dedo na guelra, até Rana, em seu laboratório. Ele recuou: "O que você está fazendo? Tire essa coisa daqui". E o sujeito disse, incrédulo: "Vou levar de volta".

Rana me conta: "E tem crocodilos. Eles falaram dos crocodilos? Que tipo de excursão você fez?".

Depois dessas histórias, noto pela primeira vez um quadro de cortiça, em um espaço comunitário no corredor, com várias fotos de homens e mulheres segurando robalos pelas guelras ou posando numa margem lamacenta com um crocodilo parcialmente submerso a alguns passos de distância.

Rana me leva para o telhado do prédio para ter uma visão melhor. "Está vendo como todas as árvores na fileira da frente estão numa formação regular? A Weyerhaeuser veio aqui, derrubou as árvores e plantou essas", ele diz.

Que uma companhia madeireira derrube um pequeno bosque no quintal do instrumento sismicamente mais sensível já construído não é o ideal. Com as máquinas de primeira geração, após um ano de pesquisa, instalando sismômetros ao longo da estrada vizinha I-12, verificando canos de indústrias da vizinhança, não conseguiram identificar a fonte de um barulho particularmente terrível. Rai chegava em seu carro à LLO, às seis horas, frustrado após um verão em que estivera mergulhado na procura daquele barulho, quando uma horrível constatação tomou conta dele ao ver árvores caindo ao longo da estrada, até chegar ao destino. Ele correu para a sala de controle e mandou o operador sair para olhar. "Quando uma árvore cair venha me dizer", instruiu. "E bum, vimos isso acontecer nos sismômetros." Durante a seleção da localidade, evidentemente cientes da expansão da Weyerhaueser, eles subestimaram drasticamente a frequência do desmatamento. Rai ofereceu a compra de uma área maior da Weyerhaueser para proteger o experimento. O valor pedido foi alto demais para ser considerado (centenas de milhões?), então eles teriam de achar uma solução tecnológica. O laboratório recorreu a um sofisticado sistema hidráulico para isolar os espelhos. O isolamento do sistema já estava nos planos da máquina avançada, mas foi adiantado para lidar com o barulho das árvores.

Em geral, o LLO não transmite a impressão de ser tão distante como Hanford. No percurso, casas decrépitas com brinquedos de criança espalhados na frente colonizam uma faixa tranquila de estrada, no lado mais esparsamente ocupado de um cruzamento. Os portões de entrada são uma espécie de sátira de um condomínio fechado. Então as casas decrépitas dão lugar a casas condenadas. A madeira estilhaçada, que uma vez foi estrutural, é agora uma cepa para a sujeira, tentando retornar ao ciclo da vida, aceitando tufos que crescem entre ripas despedaçadas. Gaby González me dá uma carona para o observatório em seu conversível e expressa certo desconforto com essa justaposição.

Eu menciono: "Ouvi dizer que as estações finais foram alvo de tiros". Gaby explica, contemporizando: "Bem, talvez houvesse um buraco de bala. Mas provavelmente foi um acidente".

Eu nem tinha considerado a possibilidade de que tivesse sido intencional.

"Bem, algumas pessoas pensaram que era um tiro de advertência ou sei lá o quê. Mas houve uma reunião com a associação dos caçadores e parece que as coisas se resolveram. Eles agora estão cientes de que há cientistas por aqui." Ela sorri para mim, tentando me tranquilizar. Respondo com um sorriso forçado. Meus sorrisos forçados não valem o esforço, por isso raramente recorro a eles, mas quis tranquilizá-la assim como tentara comigo. Acho que convencemos uma à outra mais ou menos na mesma medida.

Novamente lá dentro, há mais pessoas do que é comum na sala de controle, todas agrupadas, olhando para os monitores. Hoje abriram a válvula de gaveta na estação terminal para o braço X e estão projetando o laser por ele, tentando atingir o alvo a quatro quilômetros de distância. Depois de várias horas conseguem, e o monitor mostra uma bolha pulsante de luz num fundo muito preto. É um grande feito, mas a atmosfera é tranquila e contida. Ninguém está roendo as unhas. Em menos de um ano eles vão abrir o braço Y e tentar atingir o alvo com o laser, então ambos os braços serão engatados. Esse será o grande evento. Será o equivalente a acionar um interruptor para ligar a máquina. Haverá comemoração. Isso ainda será meses ou anos antes de estarem prontos para uma detecção. Eles passarão esse tempo tentando derrotar o ruído, que é frequentemente imprevisível e resiste ao controle.

Dentro do laboratório há uma escada de metal razoavelmente sólida que leva a uma ponte curta pela qual você pode cruzar um dos braços e depois descer uma escada para o grande interior do laboratório, no interior dos vértices, um perímetro definido pelos recintos que ficam no canto, origem dos dois braços em forma de L. Quem trabalha regularmente no laboratório, no entanto, dispensa a ponte. Há mesas baixas de metal no estilo de mesas cirúrgicas embaixo dos tubos, e é possível cruzá-los deslizando sobre elas. Gostaria de perguntar como surgiu esse método, mas não dá tempo, pois Brian O'Reilly é só um par de pernas agitadas, com solas de sapato protegidas, depois olhos maliciosos e encorajadores debaixo de um dos tubos. Não há como fazer isso parecer agradável, mas posso ver como depois de um tempo, encurralado no lado errado dos dois braços de aço que atravessam as paredes, o rastejamento de barriga começa a parecer a melhor opção.

Surpreendentemente, há poucas pessoas no cavernoso interior dos vértices. Algumas estão fixando cabos, outras estão sentadas embaixo do tubo perto de uma válvula de gaveta, fazendo alguma coisa. Não sei o que é, mas noto que parecem confiantes. Ninguém diz aos outros o que fazer. Cada um parece entender sua tarefa e ser um especialista. Uma pessoa está vestindo um macacão protetor, atrás de cortinas que a isolam numa sala limpa. Está de pé sobre uma estrutura. Eu me pergunto se é meu amigo Aidan. Ele estaria instalando partes do sistema de compensação térmica, que ajusta as distorções do espelho devidas ao aquecimento pelo laser. Mas é difícil identificar uma pessoa com esses trajes, e não é um caso em que se possa entrar lá e conversar, então eu me deito de barriga e me arrasto para o lado civilizado do braço.

Brian me leva para fora da estação e aponta, pela janela lateral do caminhão, para uma pequena cabana de caça, uma modesta casa de madeira numa árvore sobre estacas e um barril azul com comida para atrair veados. Os caçadores ficam escondidos na cabana durante as primeiras horas do amanhecer e depois atiram no animal.

"O buraco de bala não foi um acidente", ele diz enfaticamente. "O FBI veio e investigou, e isso meio que encerrou o assunto", ele conclui com um aceno brusco. Eu acredito nele. Ninguém está sorrindo.

O chefe do laboratório da Louisiana, Joe Diame, diz: "Para os europeus, parecemos ridículos. Tipicamente americanos. Numa das locações uma picape colide com um braço, o outro é alvo de um tiro. Tudo de que precisamos agora é de um incidente com um hambúrguer". Contudo, o LIGO é o único jogo sendo jogado na cidade — sendo que a cidade é a Terra. (A contrapartida europeia, o Virgo, não alcançou ainda capacidade avançada, mas aspira chegar a isso em breve.)

Na estação final, um amontoado de cabos está pendurado do lado de fora da última câmara. Gruas embutidas vão erguer a carga que vai povoá-la, mas o peso do sistema de suspensão e do espelho está próximo do limite da capacidade da grua, e assim algum peso terá de ser removido. Posteriormente, pessoas terão de entrar na câmara para terminar a montagem e fixar conectores. O topo dela pode ser levantado para permitir o acesso e há muito pouco espaço para uma pessoa manobrar em volta da carga. Quando a instalação estiver completa e humanos e aranhas tiverem sido removidos, a câmara final será bombeada até se formar vácuo, e a válvula de gaveta do braço será aberta.

No caminho de volta, Brian O'Reilly deu uma volta até o braço Y e parou na estação do meio, onde uma equipe de construção descansava no caminho de acesso, as máscaras pendendo, as pernas estendidas no asfalto. Estiveram removendo o isolamento do braço desde cedo. Há também um pequeno vazamento em algum lugar ao longo do braço que levara meses para ser descoberto, e o isolamento, infestado de viúvas-negras e aranhas marrons, tivera de ser retirado para finalmente chegarem até ele. Brian nos permite pisar dentro do invólucro de cimento e ver a continuação do braço de metal sob o qual tínhamos rastejado na construção principal, mas logo me escolta bruscamente para fora, porque não estou com máscara de proteção. A atmosfera dentro do túnel era densa, carregada de mofo. Enquanto saímos, com um pé já na quente claridade do meio-dia na Louisiana, o resto de mim ainda na espessa e úmida escuridão do túnel, pude ver luz na extremidade mais afastada, a uma distância de dois quilômetros. Imaginei Rai Weiss caminhando pelos túneis. Ele foi a primeira pessoa a caminhar ao longo dos braços, dentro do invólucro de cimento, sua mão se arrastando pela bobina de aço, uma lanterna revelando vermes e cobras confusos, uma compreensão formando-se rapidamente, uma aceitação da existência de forças anteriormente não levadas em conta, urina e cloro nos tubos de aço inoxidável, xingando os quatro quilômetros incomuns até chegar à literal luz no fim do túnel. E eu penso: "Espero que estivesse usando uma máscara".

A construção dos dois laboratórios começou em meados da década de 1990, sob a liderança do segundo diretor do LIGO, Barry Barish. "O que vou fazer agora?", perguntou o presidente da Caltech ao recém-despedido Robbie Vogt.

Vogt sugeriu: "Eles acabaram de suspender o Supercolisor. Barry Barish é um físico de partículas. Ele é incrivelmente bom e pode fazer o LIGO funcionar".

O Supercolisor Supercondutor aspirava ser mais do que um buraco de muitos milhões de dólares em Waxahachie, Texas. O acelerador teria encontrado, décadas antes, a famosa partícula de Higgs se o Congresso não tivesse cortado o financiamento. Barry Barish fora o encarregado do projeto de um experimento a ser realizado pelo acelerador, mas, quando o Supercolisor foi desativado, em 1993, ele mal teve tempo de ficar chateado. Após o devido processo requerido por parte dos comitês de seleção, pela NFS e pela administração da Caltech, Barry Barish tinha um mês para responder à oferta para ser diretor do LIGO. Ele tomou a decisão na virada da noite. Barish me garante que isso é um exagero, ainda que pequeno. Ele mantinha um interesse intelectual pelo LIGO desde que Kip propusera uma iniciativa em gravidade experimental na Caltech, no final da década de 1970, e deixou que esse idealismo orientasse sua decisão. "Tudo o que tive de considerar foi se achava que poderia fazer a diferença."

Em 1994, Barish assumiu como diretor de um projeto extinto, conquanto não oficialmente. Um projeto em seu leito de morte. O dinheiro (que ainda não recebera aprovação final) estava sendo retirado pela NFS, por falta de confiança. Barish enxergou duas tarefas imediatas. Uma era formar uma equipe. A maior seria conseguir o financiamento e, segundo sua estimativa, significativamente maior do que tinha sido solicitado. Não só a NFS estava sentada em cima de um projeto que queria extinguir como ele requereria ainda mais investimento. O orçamento mais baixo era provavelmente o reflexo do conceito de Robbie de um laboratório pequeno para pesquisa avançada, enquanto Barry tencionava construir uma estrutura administrativa mais robusta. Barish estimava os recursos necessários em 300 milhões de dólares ou mais.

O orçamento se tornou uma questão tática. Barish introduziu a preocupação nas conversações com a NFS imediatamente. A baixa estimativa fiscal, se fosse considerada um problema anterior, não teria de ser um problema da nova era. Se Barish hesitasse em abordar a questão, não haveria LIGO.

Em 1994, quando a ideia do projeto completava 25 anos, ele reavivou a confiança da NFS ("Kip os tinha impressionado, e eu introduzi alguma realidade") com um orçamento revisto que atingia e ultrapassava 300 milhões de dólares. (Kip refuta o elogio. Grande parte da conversa foi encetada com a perspectiva de que os instrumentos iniciais não detectariam ondas gravitacionais, o que ele acreditava ser mais provável, e que uma geração avançada de detectores seria necessária.) Com fundos não só prometidos como liberados, o LIGO seria capaz de ascender de um pequeno grupo de pesquisadores em laboratórios de campus comparativamente modestos para dois imensos laboratórios mantidos por grande número de engenheiros e cientistas. A instalação, em 1991, de uma modesta sala de controle de pesquisa e desenvolvimento sediada num trailer na Caltech atravessado por quarenta metros de tubos teria de aumentar cem vezes, e duplamente, com dois laboratórios em escala de armazéns nos estados da Louisiana e de Washington. Teriam de erguer prédios, construir túneis, adquirir terrenos. Um volume de mais de 18 mil m^3 teria de ser posto em um rigoroso vácuo. Especialistas em medições de precisão foram trazidos de campos vizinhos, cientistas e engenheiros foram engajados para projetar e construir tubos de feixe e supervisionar a fabricação de lasers e espelhos. Um grupo de expansão trabalhou na antecipação da fabricação de instrumentos reais na Terra real com reais capacidades de detecção. Kip disse enfaticamente: "Barry Barish é o mais talentoso administrador de projetos em grande escala que já houve no mundo". Essa opinião é amplamente ratificada, e talvez seja até unânime entre os que têm uma opinião fundamentada.

Quando me informam que Barish nasceu em Omaha, Nebraska, eu interpreto melhor sua total confiança, a fivela de seu cinto, a passada desajeitada, os modos rudes. "Mas eu mudei para a Califórnia com nove anos", ele diz, contestando a imagem de caubói. Mesmo sem gracejos, ainda assim é gracioso. Há uma franqueza quase militar em sua linguagem. Não fala alto, tampouco suave. Suscita admiração imediata, conquanto relativa ao que é suplementar, não ao que é objetivo. É sumamente bom em tomar boas decisões. Hábil e eficaz, forjou não só prédios e instrumentos, mas uma crescente coalizão de cientistas. A colaboração no LIGO se expandiu para incluir teóricos e observadores complementares de todo o mundo, de modo que se desenvolveu uma comunidade global além dos pesquisadores, aplicada em maximizar a contribuição astronômica dos novos laboratórios.

Os problemas de um observatório de ondas gravitacionais em grande escala eram tão novos que não poderiam ser resolvidos com métodos administrativos convencionais. O sistema de controle, por exemplo, interativo e multidimensional, funcionando num complexo ciclo de retroalimentação que exigia uma sistematização de um modo analítico e reproduzível, tinha que ser automatizado. Havia uma sensação de assombro no protótipo de quarenta metros na Caltech em relação aos sujeitos que faziam o controle aparentemente por adivinhação. Uma operação numa escala aumentada cem vezes não poderia depender de uma clarividência adquirida no ajuste de botões. O controle das operações teria de ser mais robusto, com perspectivas convincentes de longevidade. Mais do que uma questão limitada à interface, era preciso haver uma integração mais profunda. Novas configurações de vanguarda teriam de se ajustar e operar juntas. Barish trouxe cientistas de diferentes campos, uma vez que ninguém fora treinado em ondas gravitacionais. Ele contratou especialistas em controle de sistemas do desativado Supercolisor Supercondutor. Sobrepô-los no pequeno contingente do LIGO se mostrou problemático, à medida que vinham à tona ressentimentos por parte dos que não teriam mais as mãos nos controles. (Jamie Rollins criou a partir de então o Guardian, elaborado pacote de automação para manter instrumentos avançados em funcionamento sem a intervenção humana e garantir que os ifos ficassem travados em seu estado mais sensível.)

O desenho industrial também foi pioneiro. Embora os interferômetros tenham uma história notável na física — o mais frequentemente citado é o Michelson-Morley, que desfez a ideia de um lendário éter, tido no passado (erroneamente) como o meio para a propagação da luz. Não havia precedente para construir um ifo de massa suspensa — os espelhos no LIGO pendem delicadamente, de modo que estão livres para flutuar na curva do espaço-tempo, ao menos na mesma direção ao longo dos braços — antes do primeiro protótipo de Rai no Plywood Palace, na década de 1970. Certamente não havia precedente para uma extrapolação do protótipo de quarenta metros da Caltech para uma máquina cem vezes maior. Cientificamente, tal aumento de escala jamais havia sido tentado.

Eles tinham um grande projeto. Eles tinham dinheiro. Contrataram pessoas importantes. Em seguida, precisavam das locações. "Uma vez obtido dinheiro da NFS, você quer demonstrar a eles que sabe como gastá-lo." Concentraram-se em preparar terreno, construir a parte civil, portas e prédios, canos e sistema de vácuo, já que a tecnologia mais sofisticada de espelhos, lasers e sistemas de suspensão levaria mais tempo.

O observatório da Louisiana fica em propriedade privada, o que deveria ter tornado a execução mais fácil, sem as restrições burocráticas governamentais da instalação em Hanford. O plano era construir primeiro na Louisiana. Eles começaram as fundações por volta de 1996, mas em Washington.

Na Louisiana houve alguns problemas com a Livingston Parish, que tinha uma população, na época, de cerca de novecentas pessoas. Sendo um estado em que sindicatos não negociam pelos trabalhadores, houve piquetes quando pavimentavam uma estrada com 2,5 km até o observatório que atravessava um terreno público. Outras objeções foram mais metafísicas. Quando o LIGO realizou um encontro aberto para os cidadãos de Livingston sobre a construção, no outro lado da rua onde ficava uma pequena escola, fundamentalistas encontravam-se simultânea e coincidentemente para ensinar criacionismo na paróquia. Um dispositivo para medir sinais emitidos 1 bilhão de anos atrás parecia incompatível com suas ambições curriculares. Mas houve também algum apoio aos esforços do LIGO. A primeira carta que Barish recebeu de um morador local veio de uma professora da escola que estivera presente no encontro. Ela lhe implorava que levasse a campanha científica para a Louisiana, em benefício de seus alunos. Barish, inclinado a considerar o impacto colateral da obsessão sob seu encargo, assim como o impacto político e, além de tudo, o espiritual, entendeu que sua esfera de influência tinha se expandido.

(Incidentalmente, cerca de duas décadas depois, ainda existem algumas desconfianças em relação ao laboratório. Ao sobrevoar o ifo de quatro quilômetros em forma de L num avião que descia para pousar em Baton Rouge, um homem informou ao ocupante do assento a seu lado, o qual era um cientista do LIGO, que aquela instalação secreta do governo que estavam vendo lá embaixo fora projetada para viagens no tempo. Um dos braços o levaria ao futuro, era a teoria, o outro o enviaria ao passado.)

Lamentando o fato de que os criacionistas pudessem ganhar terreno no ínterim, realista quanto às maiores dificuldades que envolviam medidas para movimentar o terreno, Barry disse rapidamente: "Vamos dar uma sacudida". Ele cedeu primeiro em Hanford, que tinha seus próprios problemas. Tiveram dificuldade em extrair água para a construção, tendo que perfurar mais fundo do que o esperado. O Departamento de Energia hesitou em aprovar essa escavação ampliada. Barish sustentou que não estavam querendo encontrar trítio ou outra coisa que pudesse estar enterrada no lugar que os primeiros reatores nucleares haviam ocupado. "Não sou dos piores em convencer", ele diz, subestimando-se. A despeito dos vários e singulares obstáculos, os laboratórios estavam ocupados e ativos na virada do século.

Quando as primeiras edificações do LIGO adquiriram os já mencionados buracos de bala, o FBI sugeriu que construíssem uma fortificação em torno do experimento, com cercas altas e outras medidas de segurança. Em vez disso, Barish foi almoçar no clube de caça local. Logo os problemas desapareceram. Mas não antes que alguém atirasse num crocodilo.

Quanto à visão global, Barish pode ter dado contornos mais nítidos à sugestão de um projeto em duas fases: um detector inicial, montado em novas instalações logo após o ano 2000, seguido da construção de um detector avançado, instalado no final de 2014 com as primeiras operações científicas esperadas para 2015. (O plano para detectores iniciais, a ser aprimorado com mais detectores avançados, remonta à proposta inicial de 1989.) O primeiro estágio seria demonstrar o potencial experimental, e haveria "possíveis" detecções de ondas gravitacionais sem contradizer as leis da física. (A primeira geração demonstrou a tecnologia, mas não fez uma detecção.) No segundo estágio, com a construção de um LIGO Avançado, as detecções seriam "prováveis". (E aqui estamos numa antecipação.) Barry reflete: "Como cientista, você entra no desconhecido. Como pesquisador, tudo o que pode fazer é alcançar o objetivo experimental. Talvez a natureza seja gentil, talvez não... é como se avança na ciência".

Barish deixou o projeto em 2005 para chefiar o Colisor Linear Internacional, e Jay Marx foi contratado como diretor. Sua missão era conseguir o dinheiro para o instrumento avançado que atualmente está em processo de upgrade no LLO e no LHO. Incluindo o LIGO inicial, pesquisa e desenvolvimento, upgrades de máquinas avançadas e orçamentos operacionais, o pacote inteiro chega à casa do bilhão de dólares.

Jay Marx, agora na condição de assessor, almoçava toda semana com David Reitze, o tranquilo, afável e pacato diretor a partir de 2011. Reitze ainda curte o "lado divertido": os gatilhos, a ciência, a experimentação. Barry Barish, Jay Marx, David Reitze, todos eles creditados como excelentes diretores, cada um em sua época e com desafios diferentes a ser superados, requerem menos texto do que os que dirigiram nos anos anteriores de risco e tumulto.

Hoje existe uma colaboração internacional de mais de mil cientistas e engenheiros dedicados ao empreendimento de algum modo. Há instrumentos similares, mas menos poderosos, por todo o mundo. Uma colaboração primeiramente italiana e francesa opera um observatório menor, Virgo. Existe uma instalação LIGO de pesquisa e desenvolvimento na Alemanha (GEO). Há experimentos independentes no Japão (TAMA e mais recentemente KAGRA). Está a caminho uma iniciativa para construir um terceiro observatório LIGO na Índia, e esse projeto tem seus próprios e incomuns desafios, como o choque entre culturas científicas e obstáculos geopolíticos. Essa coleção de acrônimos, países e alianças poderia dar a impressão de uma maciça colaboração científica internacional, de uma Grande Ciência. Na rede de detectores em âmbito planetário, o LIGO é o mais poderoso.

Todos estão se empenhando para ter o LIGO Avançado instalado, calibrado e funcionando. Nostalgia, sentimento e o sistema numérico de base 10 apontaram como prazo de chegada o centésimo aniversário do trabalho de Einstein sobre ondas gravitacionais.*

Como disse Rai: "Temos de continuar trabalhando para fazer uma detecção em 2016, o que acho que é absolutamente essencial. Eu quero que aconteça no centenário. É meu mantra, fazer a detecção no centenário do trabalho de Einstein.

"Seria uma bela conclusão para toda essa maldita história."

* O trabalho de Einstein é de 1916, e a detecção de ondas gravitacionais pelo LIGO foi de fato anunciada em fevereiro de 2016. Janna Levin escreveu este livro antes disso, ainda que a publicação original tenha sido em março do mesmo ano. (N. T.)

15. Uma pequena caverna em Figueroa

Em Highland Park, nos arredores de Los Angeles, não muito distante da Caltech, alguns pesquisadores vão beber na terça-feira, como diz a mensagem que recebi. A pretensão foi abolida, especialmente em certas fileiras da subcultura da física. Não há maquiagem ou glamorização dos fatos. Usam-se palavras com a maior parcimônia possível para se manter o mais fiel possível aos dados. "Saímos para beber às terças. Você pode vir, se quiser", diz a mensagem.

O happy hour do Little Cave, em Figueroa, vai até mais tarde, com *tacos* gratuitos e um espaço "externo", a despeito das paredes de tijolo e do teto, onde as pessoas bebem e fumam. Sim, fumam. E isso é surpreendente, pois quem é que ainda fuma? Ninguém. Europeus, talvez, e assim parte desse extravagante hábito quantifica a demografia europeia, embora os americanos também compartilhem desse hábito ali, mas com menos vigor, parece. Menos convicção.

O Little Cave é mais escuro do que requer a etiqueta de um bar-padrão, a música é boa e todos os atendentes se parecem de algum modo com punks da década de 1980, o que seria estranho se fossem daquela década, mas conseguem dar à coisa toda um toque irônico. Gosto do Little Cave, apesar da caminhada de cinquenta minutos até o trem, apesar de ter que carregar o computador, que nunca é leve o suficiente, apesar do injurioso peso dos artigos de física, da bolsa com todo o necessário para o pernoite, das luvas e suéteres em preparação para a odiosa queda da temperatura nas noites em Los Angeles.

Agrupados em torno de uma mesa para duas pessoas há muitos banquinhos ocupados por uma coleção de cientistas que falam um inglês cheio de sotaques. Estamos em trânsito. Há sempre algumas conversas sobre trajetórias, como: "Você estava no MIT na época de Rana?". Alguém sempre veio para uma pesquisa de dois ou três anos, para fazer pós-graduação, para ocupar um muito raro e muito cobiçado cargo numa faculdade. Sempre tem alguém que está indo embora para uma pesquisa de dois ou três anos, para fazer pós-graduação, para ocupar um muito raro e muito cobiçado cargo numa faculdade. Geralmente, professores universitários não são convidados para beber às terças-feiras.

Estou me infiltrando nas fileiras dos pesquisadores. Tenho perguntas. Questões autênticas que não são impostas e não pretendem testar a competência de ninguém. Eles são especialistas no instrumento. Eu sou a estranha no ninho. Assim, fico contente quando desaparece a curiosidade inicial quanto à minha presença na melhor noite da semana, as terças-feiras de *tacos* — Jamie diz, à meia-voz, espero que sem sarcasmo: "Você é uma dignitária científica". Os drinques fluem, contam-se histórias impróprias e eu me torno uma deles.

Os *postdocs* — abreviação para os pós-doutorandos — são especialmente transitórios. Ficam em instalações multimídia, explorações do conceito de "transitório". Estive na casa de alguns deles, onde há relíquias de infância com milhagem internacional, indescritíveis sofás achados próximos a um campus mais de uma década antes. Móveis brutalmente desgastados, que não combinam com o espaço e expressam uma falta generalizada de interesse em decoração. Lareiras embutidas atrás de bicicletas. Em suma, todos nas casas dizem "Não planejo ficar aqui para sempre", mesmo quando o residente inesperadamente permanece nesse arranjo sem compromisso durante anos. Dois, ou quatro, ou cinco, e então abandona aquela base, nunca se estabelecendo, nunca realmente se comprometendo.

A conexão entre os cientistas vai durar décadas, vidas inteiras. Eles vão se encontrar aqui no Little Cave, ou na instalação do LIGO na Louisiana, ou no Virgo europeu na Itália, ou em Nice, no próximo encontro da colaboração. No Japão e na Índia veremos um ou outro, e a continuidade de nossa vida a pairar nesse estrato, na camada acima do solo, em nossa cabeça, em nossas colaborações.

Cientistas são como alavancas ou botões, ou como pedregulhos milagrosamente encravados na parede que escalamos. Assim como ela, há algum material cimentado feito da mescla de conhecimentos — que é um constructo puramente humano — com realidade, que só podemos acessar com o filtro da mente. Há uma importante busca de objetividade na ciência, na natureza e na matemática —, mas ainda assim a única maneira de escalar o muro é por meio de indivíduos, que são sempre específicos — o francês, o alemão, a americana. Assim, a escalada é pessoal, um empreendimento verdadeiramente humano, e a expedição real se traduz em pixels que são indivíduos, não figuras platônicas. No fim, ela é pessoal, por mais que queiramos acreditar que é objetiva.

A condição de membro das terças-feiras de *tacos* é seletiva, feita com base na amizade, e o interesse científico e a calidez entre os membros, assim como a conversa, são reais e não profissionais. Há também certo nível de exaustão.

Fui beber com os *postdocs* pela primeira vez em fevereiro de 2013, quando o LIGO estava em algum momento de seu upgrade. Efetivamente, será um novo instrumento conhecido como aLIGO, abreviação para LIGO Avançado. Digo ao grupo algo sobre 2015, projetado como ano da primeira detecção direta, e há risinhos — não seria muito exato defini-los como amargos — e muitas cabeças balançando. Não tem como. Não tem como. Não em 2015. "Bem, talvez", alguém exclama. Talvez um mês ou dois de testes. Mas não. Detecções não. Alguns, muito pessimistas, sugerem 2018. Nesta noite, no fim de março de 2015, eles tinham razões para ser mais otimistas.

Alguns ali nasceram na década de 1970 ou na de 1980. Talvez um ou dois na de 1990. Nenhum deles conheceu Joe Weber. Mas é como se estivessem construindo o mesmo navio. Ou melhor, é como se estivessem procurando o mesmo tesouro. Consultando o mesmo mapa, localizando onde falhou uma tecnologia do tempo da máquina a vapor — um insano, condenado, impossível detector de barra projetado por aquele velho doido, grosseiras pranchas de metal em escala de laboratório que inspiraram e incentivaram suas angustiadas reivindicações de descoberta.

A exaustão coletiva é ainda mais degradada por uma irritante incerteza, cada um absorto nas silenciosas preocupações da área de sua responsabilidade (o sistema de suspensão, as fibras ópticas, a conversão para uma saída CC), o grupo como um todo distraído nas audíveis preocupações quanto ao projeto compartilhado (a urgência da instalação, as metas de sensitividade, a opinião da comunidade). Mas também são mantidos à tona por sua excitação nervosa. As máquinas estão quase operacionais e a cada dia eles suam para levar a missão para tangivelmente mais perto de sua realização.

Todos nós desenvolvemos maneiras estilizadas de descrever a iminente descoberta. Temos nossas próprias idiossincrasias na apresentação, nas escolhas que fazemos para evitar jargões técnicos e contornar conceitos demasiadamente difíceis de abordar, como se fossem pesos impossíveis de levantar. Eu já tinha ouvido incontáveis variantes. Esta noite ouço várias versões abreviadas. Os homens e as mulheres em volta desta mesa integram a equipe que ganhou o duramente conquistado direito de ser parte dessa descoberta. A pesquisa não é apenas sobre buracos negros. A busca não é um inventário errante, uma indexação de objetos conhecidos.

Vamos escutar as mensagens diretas de uma força fundamental trazidas a nós diretamente pelos transportadores de força fundamental. Vamos escutar diretamente os mensageiros de uma lei fundamental da natureza. Estou esgotando esses novos amálgamas de "mensagem", "direta" e "fundamental", mas vocês pegaram a ideia, como em torno da mesa esta noite, independentemente de quais combinações de palavras usam em sua versão da história.

Somente mensagens enviadas pelas mais severas, mais cataclísmicas concentrações de esforço gravitacional alcançarão essas máquinas. Isso coloca em posição privilegiada simples buracos negros, o big bang e estrelas que explodem. Assim, conquanto nossas ambições sejam de grande alcance — uma comunhão direta com uma lei fundamental —, também podemos condescender em nossa admiração pelas criações individuais que habitam nosso terreno.

Quando buracos negros colidem, o espaço em volta deles ressoa até que resta, girando, um buraco negro maior, perfeito, e o espaço fica silencioso. O zumbido de todos os sistemas binários compactos que se fundem aumenta em altura e em quantidade de decibéis, elevando-se a um chilreio característico. Os detalhes da órbita modulam o som, de modo que podemos reconstruir o trajeto das baquetas que fazem soar o tambor.

Quando estrelas de nêutrons colidem, elas provavelmente criam um buraco negro, embora pedaços de sua crosta possam se destacar no processo, aliviando a carga o bastante para que outros remanescentes delas possam se estabilizar após a comoção. As estrelas de nêutrons são essencialmente indetectáveis por telescópios até a fusão. Mas no impacto (vagamente definido) os globos nucleares magnetizados, supercondutores, condensados, se estilhaçam para libertar uma explosão de raios gama (luz de energia mais alta que a de raios X). Uma categoria conhecida, observada e estudada de emissão de raios gama (GRBs, na sigla em inglês) tem sido atribuída a colisões de estrelas de nêutrons. Satélites têm visto emissões. Foram tiradas fotos, mas sem precisão suficiente. Os satélites não podem focar uma imagem muito nítida da explosão, que só dura uma fração de segundo. Mas podem rastrear a emissão de energia, vê-la aumentar vertiginosamente, depois se dissipar, e às vezes documentar um pós-brilho mais pálido. A colaboração entre os observatórios gravitacionais e os satélites que captam a luz faz avançar significativamente as perspectivas científicas. O LIGO pode gravar os minutos finais da inspiral* e fazer com que os satélites participantes redirecionem seu olhar em busca da iminente emissão. (O inverso funciona também, uma vez que o LIGO retém os dados a ser analisados após o fato.) Essa área de pesquisa em desenvolvimento atende pelo nome de Astronomia de Multimensageiros, já que os dados vêm tanto por meio de ondas de luz como por meio de ondas gravitacionais.

O evento das supernovas que formou os remanescentes compactos é outro candidato potencial. A cada poucos séculos, uma estrela explode perto o bastante de nós para que possamos ver a coisa a olho nu, sem precisar da intervenção das lentes dos

* Termo que define o percurso de estrelas binárias que vão perdendo energia quando espiralam, uma em direção à outra. (N. T.)

telescópios. Tipicamente, uma estrela explode em intervalos de algumas centenas de anos na Via Láctea, mas com muito menos potência em ondas gravitacionais do que geram as colisões de buracos negros. Se as atuais teorias estão corretas, mesmo o LIGO Avançado terá dificuldades para ouvir uma supernova fora de nossa galáxia.

O som de uma supernova ao explodir é distinto, mas depende dos detalhes da explosão. Ele geme como uma baleia ou estala como um chicote. O som é um reflexo direto das acelerações da massa durante a calamidade. Toda supernova é caracterizada como uma irrupção, e há um subgrupo no LIGO dedicado somente à detecção e à análise de irrupções, tanto as previstas quanto as não previstas. Conquanto haja quem aposte na supernova como uma possível primeira detecção, muitos mais suspeitam que são quietas demais para ser captadas com alguma regularidade.

Uma estrela de nêutrons isolada a girar é outra fonte arquetípica de ondas gravitacionais. Se sua superfície for perfeitamente arredondada, não há ondas nas curvas do espaço-tempo. Mas quaisquer montanhas nessa superfície turvam o formato do espaço a cada rotação, como uma espátula girando em voltas assimétricas. O som do giro de estrelas de nêutrons levemente montanhosas é um tom puro não modulado. Não aumenta em volume nem em altura. Ao girar, a estrela de nêutrons imperfeita gera um som contínuo e monotônico.

O big bang foi como uma bagunça cacofônica e caótica. O ruído gravitacional da criação do universo resultará em média num descaracterizado ruído branco, uma estática sibilante — atualmente, cerca de 14 bilhões de anos depois, um sibilo muito silencioso. Com base em nosso atual entendimento da evolução do universo imediatamente após o big bang, esse ruído se distende até o quase silêncio com uma inflação do espaço-tempo num primeiro trilionésimo de trilionésimo de trilionésimo de segundo. Mas, sim, o big bang foi estrepitoso. Não se espera que o LIGO ouça o primeiro momento, já que as ondas gravitacionais a esta altura estão muito baixas. Como estão abaixo da região de abrangência do LIGO, ifos no espaço poderão detectar diretamente os sons remanescentes do big bang em várias décadas, se as missões tiverem êxito.

Outros possíveis sons estocásticos poderiam vir de objetos compactos não correlacionados, em diferentes galáxias, uivando incoerentemente em nossos detectores. Uma superposição de binárias compactas poderia criar um fundo sonoro estocástico, mas isso não seria um problema terrível até os interferômetros chegarem ao espaço.

Quando ouvi pela primeira vez uma palestra de Kip sobre as perspectivas de uma nova janela para o universo, esperei pelo imprevisível, o não antecipado. Haverá fenômenos astrofísicos que ainda nem sequer imaginamos? Podemos ouvir matéria escura? Energia escura? Dimensões escuras?

Ao fim de um longo dia os interlúdios nas conversas favorecem as especificidades dos desafios experimentais. O ruído é um item muito abordado. Há pessoas na colaboração que trabalham só com ruído. É um termo presente em absolutamente todos os experimentos científicos, e não é de forma alguma algo especial a este experimento; a terminologia não pretende jogar com a ideia de onda gravitacional como sendo som. Ruído pode significar apenas erros em qualquer capacidade de um detector de captar o sinal. Em experimentos com ondas gravitacionais, o ruído pode realizar as duas tarefas. Pode significar os erros que você tem de tolerar, sua falta de precisão. Pode também referir-se a som. Ouça uma conversa no Little Cave em Figueroa e capte os sons de fundo significativos misturados com as palavras de um amigo. O sinal que eu quero é a voz, mas ela está afogada em música. Existem algoritmos sofisticados criados para remover ruído previsível, como a música, nessa analogia, mas é difícil excluir todas as outras vozes, ouvir aquela que você quer e subtrair as outras. É bem possível que todas as ondas gravitacionais detectadas por essas máquinas estejam mais abafadas do que o ruído de fundo. Os analistas de dados têm de captar e destacar sons específicos que não são altos o bastante nem para se manter acima do alarido, estando o som enterrado no ruído.

Se as gravações das ondas gravitacionais puderem ser correlacionadas com uma clara fonte luminosa no céu, a corroboração da evidência será muito mais convincente do que a simples gravação. Céticos como Ostriker podem exigir um retrato de um mensageiro múltiplo antes de admitir que perderam a aposta.

As gerações mais jovens de cientistas fazem um rodízio, indo e vindo, não sem considerações do ego, como se fossem elas mesmas componentes de uma máquina em expansão. A instalação de espelhos avançados, os lasers, a isolação sísmica do sistema foram completados em ambos os laboratórios. A fase seguinte é pôr a coisa em ação, o que equivale à integração dos subsistemas instalados para criar um todo que funcione. O ifo no LLO foi fixado e travado no ponto certo, depois o mesmo aconteceu com o ifo no LHO. Os mecanismos avançados recentemente instalados foram postos em modo operacional por punhados de pessoas que passavam por ali durante semanas, cada pesquisador trabalhando com quem estivesse ali, de modo que ninguém fica com o crédito. Às vezes, verifico os registros noturnos e penso em insônia ao ver um feito às 4h23. "Tivemos outro travamento de cerca de quarenta segundos, durante o qual todos os sinais pareciam mais estáveis do que na noite passada." Há retrocessos. "Hoje foi um dia especialmente ruim quanto ao travamento." E, algumas noites depois, às 5h42: "Ficamos travados por mais de uma hora com CARM controlado por REFL91 digital (compensação de meia-noite) e DARM controlado por ASAIR 45Q. A estocagem de potência é

1100 vezes maior que de um único braço, dando um ganho de reciclagem ao interferômetro de 33 W/W... Isso significa que a visibilidade do interferômetro é de cerca de 94%". Consulto um glossário de acrônimos para entender melhor, mas a satisfação é imediata. O ifo está travado e a sensitividade, conquanto ainda não o bastante, é boa.

Na manhã seguinte, o registro está pontilhado de congratulações e palavras de agradecimento à equipe de cientistas que agora está levando a máquina à sua complementação. Rai posta: "O primeiro espectro de ruído! Bom avanço". O LIGO inicial requereu aproximadamente quatro anos a partir do momento do primeiro travamento até atingir a sensitividade projetada. O LIGO Avançado parece andar muito mais rápido. A projeção que ouço esta noite é que os próximos seis meses serão queimados para melhorar a sensitividade da máquina até ter uma resposta delicada o bastante para ouvir ecos muitos indistintos. Então começarão as primeiras tomadas de dados científicas, em setembro de 2015, durante as quais será necessário manter a máquina travada durante várias semanas. O objetivo é medir a diferença entre quatro quilômetros e quatro quilômetros mais ou menos um décimo de milésimo do núcleo de um átomo. O atual diretor David Reitze registra: "Fantástico! Licenças de caça ao ruído para todos!".

Muitos dos cientistas no Little Cave em Figueroa cumprem turnos na sala de controle e na área de equipamento do grande vácuo. Eles escrevem códigos para o sistema de controle, testam revestimentos de espelho, soldam componentes elétricos. Foram visitar a Caltech ou viver ali, mesmo que temporariamente. Nossas conversas ao redor da mesa são uma mixórdia. Numa frase somos comuns e mundanos, e na próxima totalmente abstratos e infundados. Misturamos assuntos, provocamos uns aos outros, gracejamos, flertamos e injetamos jargão técnico.

O último copo foi esvaziado. Entramos na cor da meia-noite de uma rua escura. Braços se erguem em acenos para vagas direções. Pares se dispersam, afastam-se pelas calçadas, atravessam ruas. Voltamos para casas periclitantes e lençóis típicos de estudantes, para leitos compartilhados e sofás de amigos. Discussões são interrompidas para ser retomadas no dia seguinte. O barulho do bar continua, mas vagamente, como o som de um diapasão. O tinido, felizmente temporário, só é audível quando ficamos em silêncio, quando nos rendemos, nessas horas de vacilo, ao quase silêncio de nossos pensamentos, privados e confusos.

16. A corrida começou

Robbie Vogt resumiu: “Definitivamente, eles verão ondas gravitacionais, não há dúvida quanto a isso, mas não será descoberta minha. Eu lerei sobre isso no jornal.

“Não tenho arrependimentos. Nenhum… As feridas se fecharam. Para mim, isso agora é história. Tenho uma carreira nova. Trabalho em segurança nacional… Não sou empregado de ninguém. Sou um agente autônomo. Escolho o trabalho que faço. Mas não sou empregado do governo. Quando faço um relatório para os executivos em Washington, posso dizer coisas que os almirantes e os generais não podem dizer… Estou retribuindo, porque tenho a liberdade de dizer o que penso… e é uma carreira muito excitante para um homem de 85 anos.

“A Caltech foi meu país. Foi algo com o qual eu podia me relacionar. Era minha família também. É triste não ser mais parte dela… Tive muitos reveses, mas, a cada um, de algum modo a vida me compensava. No instante em que fui despedido ou tive de sair ou… foi muito doído. Foi devastador… mas sempre apareceram pessoas que me ajudaram no momento certo. Cada vez que houve uma mudança em minha vida, encontrei um ser humano empenhado em me ajudar. Tive sorte.

"Sou uma pessoa que acredita em desarmamento nuclear, mas trabalho com armas nucleares, entre outras coisas. Faço com que seja possível, se este país e o mundo alguma vez quiserem se desarmar... Somos contra a proliferação... Nunca defendi o zero... Sempre defendi um pouco... mas, se forem reduzidas a umas poucas dúzias, não será mais possível destruir a Terra com elas. Bem agora, com 4 mil, pode-se tornar o planeta inabitável, e tenho medo de que haja gente louca o bastante no mundo para começar uma guerra nuclear. Mas, se não existirem 4 mil armas, se só existirem 24, então destruiremos só uma cidade, e não será o fim. Não será bom, mas não será o fim. Com 4 mil, a vida na Terra acabaria. Seriam gerações de mortes horríveis, e quero impedir isso. Sou mais efetivo dentro do processo. Todos sabem que sou contra as armas nucleares. Luto pelas coisas nas quais acredito."

Dois meses antes, Vogt tinha cancelado nossa reunião em cima da hora, por motivo de saúde. Chegou a mim o boato de que estava no Afeganistão e seu comboio havia caído numa emboscada. Ele foi alvo de retaliação devido a seu trabalho com armamento. Tinha sido ferido no ataque e aquilo exigira repetidas e malsucedidas cirurgias — algo junto à espinha, um fragmento?

"Devo a este país. Este país tem sido gentil comigo. Muito mais gentil do que o país em que nasci."

Estamos do lado de fora do prédio do LIGO e nos despedimos de modo muito prolongado. Estamos de pé, trocando seguidamente a perna de apoio. Pessoas saem pelas velhas portas de madeira e olham para nós. Cientistas do LIGO acenam, mas não dizem nada, olhando para Vogt. Ele quer falar. Quer falar sobre o trabalho que está fazendo e os motivos disso, sobre seus temores quanto ao país. Não precisa da minha confirmação ou aprovação. Não as ofereço. Não expresso minhas opiniões quanto ao desarmamento ou ao Afeganistão, e elas não são relevantes aqui. Apenas ouço. Nenhuma palavra irrefletida foi dita. Estou quase sem fôlego ao fim de nossas muitas horas de incansável conversa. Percebo que não formei um julgamento contrário a esse homem controvertido. Não expressei minhas próprias atitudes políticas, mesmo que não tenhamos as mesmas. (Talvez isso seja incomum no meu caso.) E então me pergunto, inutilmente, se esse encontro levou a Agência Nacional de Segurança a ler meu e-mail.

Vogt ficou na colaboração LIGO, com outras atribuições, por mais dois anos antes de deixá-la, embora pudesse ter sentido que fora expulso. Barish não recusou a renúncia. "Ele simplesmente não era capaz de ficar num papel que não fosse de liderança. Não sei se eu poderia", diz. Rai espera poder se reconciliar. Com três subsequentes diretores, concebeu a estratégia de trazer Vogt de volta a uma das instalações, para lhe expressar apreço pelo papel por ele desempenhado, editando com isso aquele complexo capítulo.

Num jantar perto do LHO, nós dois numa mesa grande o bastante para seis, Rai conta sobre a última vez que viu Ron Drever. Quando Barish entrou como diretor, ele desfez qualquer proibição ainda remanescente contra Ron e o incentivou a aderir ao esforço do LIGO mais abrangente, esperando com isso dissipar qualquer animosidade. Drever juntou-se à colaboração científica e comparecia às reuniões, continuando a pensar de que maneira poderia contribuir de seu próprio laboratório. Frequentemente ficava calado, observando, mas sem animosidade, como se estivesse numa excursão de amigos.

Num encontro da colaboração em Pasadena, na primavera de 2008, Rai notou a ausência de Ron. Ficou preocupado ao saber que ninguém o via fazia algum tempo. Constrangido, ele foi até o apartamento de Drever na Caltech. Abriu a porta e deparou com uma desleixada confusão de livros e roupas amarrotadas. Naquela bagunça, acharam um espaço onde puderam se sentar juntos. Ron numa poltrona, Rai numa cadeira dura. De certo modo, esses detalhes têm importância. Como sempre, conversaram sobre o LIGO. Rai contou sobre os problemas de saúde de um colega da Escócia. Após uma hora de conversa, Ron recebeu as más notícias sobre o tal colega como se fosse a primeira vez que ouvisse aquilo, mostrando a mesma preocupação. Rai ficou preocupado também.

Ron, confuso e dado a esquecimentos, recusou-se a ver um médico, a despeito da instância de Rai. Reclamou de como médicos eram dispendiosos. Rai ficou chocado. "O sujeito está completamente só neste país. Nunca casou. Não tem amigos. Fica nesse apartamento bagunçado. E não vai mais trabalhar."

Goldreich conta-me da última vez que viu Ron Drever: "No fim eu tive de pô-lo num avião, mandá-lo para casa, para seu irmão. Ele tem demência". O último trecho é murmurado, porque Goldreich lamenta estar me contando ou o fato em si. "Comprei a passagem. Subi no avião com ele. Levei-o até o aeroporto JFK. E o pus no avião que o levaria ao irmão. É triste."

Quando lhe perguntaram, em 1997, o que pensava sobre o LIGO — os instrumentos em escala total ainda não tinham sido construídos —, Ron disse que poderia acontecer tanto uma coisa como outra. Imaginava que as pessoas iam considerar o LIGO um enorme sucesso ou um desperdício total de dinheiro.

Durante o problema com Drever, Kip manteve uma relação amigável conquanto tensa com ele. Seu respeito pela aptidão técnica de Ron nunca diminuiu. (Rai conta um incidente bem representativo. Kip estava mergulhado profundamente num tedioso cálculo que se estendia por muitas páginas quando Ron apresentou uma solução em forma de diagrama. Ron não era capaz de realizar os cálculos matemáticos formais, mas podia de algum modo ver a solução em forma de figura, o que impressionou Kip de maneira indelével.) Ele compareceu aos encontros de Kip até que sua saúde fraquejou e sua desorientação se tornou mais perceptível. Apesar dos confrontos ao longo dos anos, Kip sente que está em bons termos com todos. Ele não frequenta tanto o campus, nem Robbie Vogt, mas deparam um com o outro ocasionalmente e ficam ali de pé, no calor, conversando.

Kip sempre esperou que o LIGO fosse um sucesso. Ele fica pensando nas décadas de desafios tecnológicos e nos imprevisíveis obstáculos políticos e psicológicos que superaram ao longo do caminho "assombrado". Sempre antevira sucesso, mas nos primeiros dias não tinha antecipado tantas dificuldades. Está claramente orgulhoso dos pesquisadores, irradia admiração pela congregação que realizou, ao menos tecnológica se não cientificamente, como concebeu com alguma presciência mais de quatro décadas antes. Com seus alunos, Kip investiu anos de esforços quantificando fontes de ruído e até contribuiu com porcas e parafusos para a construção, com uma análise da luz espalhada nos tubos de feixe, o que ajudou a definir as especificações do instrumento. Mas seus talentos e seus desejos sempre foram mais na direção da teoria, às vezes da especulação. A contribuição mais valiosa de Kip para o LIGO, de acordo com ele próprio, foi formular — "em consulta com muitos colegas e estudantes" — a visão do potencial científico do experimento. Kip ficou aliviado quando a equipe se tornou finalmente robusta nas áreas nas quais ele era especialista, de modo que pôde voltar às predições puramente teóricas quanto aos sons das fontes. Como sua última contribuição para o LIGO, escreveu o trabalho científico para a geração avançada de detectores. "Estou feliz de poder observar de fora", verificando as curvas de sensitividade mais recentes com meses de intervalo. Ele reconhece sua sorte com a nova carreira na indústria do cinema, escrevendo textos técnicos para campeões de bilheteria (como *Interestelar*), produzindo filmes e comparecendo às estreias com seu amigo Hawking.

Ron Drever está vivo, mas muito mal. Seu irmão me escreveu: "Minha mente está cheia de tanta coisa de Ronald, ele ainda continua a ser uma pessoa notável. Eu o visitei ontem na clínica geriátrica onde está há alguns anos, o tratamento é excelente. Não posso ter certeza de que ele realmente me reconheça, mas acho que sim". Joe Weber já se foi. Robbie Vogt nunca visitou as locações do LIGO, embora todo diretor o tenha convidado. Rai está sempre acompanhando o que se passa, e Kip o faz com regularidade. Do grupo alemão original, Billings é uma referência básica no momento em que escrevo. Braginsky luta contra uma saúde precária, tentando permanecer ativo até que o LIGO detecte suas primeiras ondas gravitacionais. Seu grupo continua a desempenhar papel importante no desenvolvimento da tecnologia. Stan Whitcomb está dando suporte a um observatório LIGO na Índia. Jim Hough, de Glasgow, supre componentes essenciais aos detectores avançados. Ele me disse: "Só estamos tentando nos manter vivos".

Rai diz: "Vai ser difícil. Eu gostaria de não estar sentindo isso". Em julho, ele vai resolver problemas com os espelhos no LLO que atualmente estão emperrando a progressão para ruídos mais baixos. Em agosto irá ao LHO para medir algumas não linearidades nos conversores de digital para analógico que acionam os controladores de teste de massa. "Sinto que é uma ligação de honra, de dever. O sistema tem de fazer uma detecção de algum tipo ou teremos ludibriado o país." Embora ele esteja pressionando por uma detecção no centenário do primeiro trabalho de Einstein sobre ondas gravitacionais, se perder esse prazo está disposto a aceitar o centenário do trabalho de Einstein sobre ondas gravitacionais de 1918. "Não gosto disso. Mas tudo bem." O trabalho original de Einstein contém erros, ele lembra.

Seria melhor que a primeira campanha de tomada de dados em nível científico fizesse uma detecção, qualquer detecção, um primeiro registro de sons do espaço. "Droga. Tem de funcionar.

Mas não é exatamente o que estou buscando, odeio dizer isso a você. Se não detectarmos um forte campo gravitacional, então o negócio fracassou... Temos de detectar buracos negros. Isso seria motivo de uma satisfação inacreditável. Seria algo muito grande, sinal de que tudo valeu a pena."

Rai passou os últimos seis meses pensando nas perspectivas de instrumentos além do LIGO. Os cientistas jovens na colaboração — Lisa Barsotti, Matthew Evans, Nergis Mavalvala — também têm suas vistas dirigidas ao futuro distante. Experimentos quânticos estão em desenvolvimento. Já se fala em máquinas com quarenta quilômetros. Foi proposta uma missão de lançamento de um ifo no espaço. Há um vigor latente nas descrições de suas ideias mais recentes. Ele ressalta que a colaboração tem de prosseguir em direção ao futuro. Eles precisam projetar esse futuro agora, e não somente após uma detecção. Seria tarde demais. Haveria estagnação. Rai avalia o realismo da ideia de construir novas instalações de detecção de ondas gravitacionais. Conjetura sobre um futuro distante da alta-fidelidade, sua única ambição realizada, não os estalos e chiados das detecções antecipadas desta geração, mas um som inacreditável vindo dos alto-falantes de um dispositivo de gravação incomparável. Ele diz: "Não estarei vivo, mas isso não importa".

Em algum lugar no universo dois buracos negros colidem, um evento tão poderoso quanto qualquer outro desde a origem do universo, emitindo mais de 1 trilhão de vezes a potência de 1 bilhão de sóis. Essa profusão de energia emana dos buracos coalescentes numa forma puramente gravitacional, como ondas em forma de espaço-tempo, como ondas gravitacionais.

A primeira sequência de ondas gravitacionais que os humanos aspiram por gravar está, neste momento, numa corrida contra a complementação das máquinas do LIGO Avançado. Desencadeadas por uma colisão de buracos negros ou de estrelas de nêutrons, ou de estrelas que explodiram, talvez há centenas de milhões de anos, as ondas em forma de espaço estão caminhando para cá desde então.

Um vestígio do barulho dessa colisão se dirige até nós desde que os primeiros organismos multicelulares se fossilizaram em supercontinentes numa Terra recentemente formada. Quando o som atravessou as superaglomeradas galáxias, os dinossauros vagavam pelo planeta. Quando passou pela galáxia próxima, de Andrômeda, começava a Era do Gelo. Quando entrou no halo da Via Láctea, estávamos fazendo pinturas nas paredes de cavernas. Quando a onda se aproximou dos mais próximos remanescentes de supernovas conhecidos, estávamos nos rápidos anos da industrialização, na invenção do motor a vapor, e Albert Einstein teorizava sobre a existência de ondas gravitacionais. Quando comecei a escrever este livro, o som estava chegando a Alfa-Centauro.

Na minúscula fração final dessa jornada de bilhões de anos, uma equipe de aproximadamente mil cientistas terá construído um observatório para gravar as primeiras notas musicais vindas do espaço. Quando os sons passarem pelo espaço interestelar fora do sistema solar, os detectores estarão operacionais.

Quando a onda se aproximar da órbita de Netuno, teremos apenas mais algumas horas. Quando passar pelo Sol, mais oito minutos. Alguém estará de serviço na sala de controle, banhado de luzes fluorescentes, ouvindo o detector num sistema de alto-falantes convencionais ou em fones de ouvido, apenas por diversão, porque pode fazer isso. E talvez, abaixo do ruído dos computadores, dos ventiladores, do estalar das teclas sendo premidas, do ruído da própria máquina, depois da passagem sem novidade dos oito minutos, enquanto ficou manuseando inquietamente o sistema de controle, ele ou ela poderá quase ouvir alguma coisa que soa diferente. Um sofisticado algoritmo computacional vai analisar o fluxo de dados em tempo real e enviar uma notificação aos analistas de dados — preferivelmente desencadeando uma busca ansiosa por óculos ou um pulo para melhor efeito dramático —, e alguém será o primeiro a verificar as especificações daquele disparo e a pensar calmamente: "Pode ser isso".

Este livro, tanto quanto uma crônica de ondas gravitacionais — um registro sônico da história do universo, uma trilha sonora para um filme mudo —, é um tributo a um empreendimento quixotesco, épico, pungente. Um tributo à ambição de um louco.

Epílogo

Na segunda-feira 14 de setembro de 2015, as locações não estavam totalmente prontas. A primeira campanha de tomada de dados científica avançada, a O1, fora adiada em uma semana em relação ao início programado, às oito horas daquela manhã. Os ifos seriam travados para não sofrer intervenção intencional, deixando as máquinas imperturbadas para coletar dados. Em vez disso, eles estenderam o ER8, ou seja, a operação de engenharia 8, para testar sistemas e implementar ajustes de última hora. A prioridade era melhorar a estabilidade, manter as máquinas travadas e deixar prontos os mecanismos de alerta. Algoritmos computacionais automatizavam um nível de análise de dados, buscando sinais relevantes num fluxo de informações. Os procedimentos ainda não estavam prontos para que os algoritmos alertassem parceiros na observação, equipes que operam telescópios e satélites, que poderiam responder ao alarme e procurar uma contrapartida em forma de luz. As máquinas estavam prontas, mas os canais de informação estavam apenas parcialmente operacionais, então foi dada uma semana a mais para coletar dados, mas não com demasiado rigor, permitindo muitas perturbações e interrupções.

É época de ventos fortes, e microssismos são causados por tempestades que vêm da direção das ilhas Aleútas, ou do Golfo, ou de Labrador, no litoral do Canadá. O tempo fustiga a plataforma continental e a atividade sísmica pode tirar as máquinas do travamento. As duas locações estão tendo problemas. O LHO conseguiu o travamento no começo da noite de domingo, 13 de setembro. Um estudante de pós-graduação realizou alguns testes, terminando à uma hora de segunda-feira. Rai estava passando o fim de semana no LLO, brigando com uma fonte de ruído de rádio, mas relata: "Felizmente, minha mulher me disse que eu tinha de ir para casa". Os testes continuaram no LLO, mas todos foram embora nas horas mais escuras da manhã de segunda-feira, com o ifo finalmente travado.

Há uma janela de menos de uma hora de duração na qual as máquinas são deixadas em modo de observação, sem ser perturbadas. Às 2h50 no LHO e às 4h50 no LLO, ambos os detectores gravaram um impacto. Havia um só operador de plantão na sala de controle de cada instalação, mas nenhum deles poderia ter ouvido coisa alguma. O sinal teria sido breve demais para ser analisado pelo sistema auditivo.

Um algoritmo automático localizou o evento em seus trezentos segundos de gravação de dados e silenciosamente documentou sua relevância. Candidatos potenciais são sempre noticiados, por isso não houve drama quando pessoas na Europa acordaram e checaram os registros, como faziam habitualmente. Com calma, foram feitos telefonemas às locações para checar o status dos ifos. Os dois operadores confirmaram: tudo estava bem.

Eles congelaram o instrumento e coletaram ruídos de fundo até que se perdeu o travamento e os ifos ficaram off-line por poucas horas. A essa altura Mike Landry começava seu dia e checava os registros, que estavam cheios de idas e vindas e conjeturas sobre o candidato. Imediatamente Mike pensou que era uma injeção cega, um sinal falso injetado no sistema intencional secretamente para testar o preparo das colaborações e sua capacidade de lidar com um sinal genuíno. Um tanto irritado com a equipe da injeção cega, composta de três cientistas selecionados para realizar os testes, ele pensou: "O que estão fazendo? Ainda não estamos prontos". Mike foi de carro até o LHO para a costumeira reunião das 8h30. Um dos encarregados da injeção cega estava por acaso na locação. Mike aproveitou a oportunidade para perguntar pacientemente: "Estamos em fase de injeção cega?". Em respeito às regras que garantem a "cegueira" do teste, ele não podia perguntar explicitamente se tinha havido uma. A equipe se recusaria a confirmar ou negar. Mas ele podia perguntar se estavam numa fase de realização de injeções cegas. Seu colega respondeu, um tanto perturbado: "Não".

"Vocês fizeram injeções cegas?"

"Não."

"Vocês fizeram injeções comuns?"

"Não."

Talvez ele não estivesse formulando a pergunta corretamente. Depois de várias tentativas, perguntou: "Você testou qualquer injeção, de qualquer tipo?".

"Não."

Mike pensou: "Isso não é um exercício". Ele me conta: "Depois que percebi que não era uma injeção, gelei".

Às nove horas, Mike juntou-se à teleconferência semanal com a colaboração internacional. Havia muitas vozes na linha, a maioria provavelmente conjeturando, como fizera ele, se aquilo era um teste. Jamie Rollins diz: "Eu estava totalmente incrédulo". Mike passou o tempo da ligação tentando contatar Gaby González no LLO. Finalmente disse aos que estavam na teleconferência:

"Isso não foi uma injeção cega". A voz de Alan Weinstein, da Caltech, entrou na linha: "Mike, você pode repetir isso?".

Em meados de dezembro de 2015, recebo um e-mail de David Reitze, diretor do LIGO. O assunto: "Comunicação CONFIDENCIAL sobre o LIGO". Na mensagem lia-se: "Em 14 de setembro, os dois interferômetros LIGO gravaram um sinal consistente com a inspiral e a fusão de dois buracos negros de aproximadamente trinta massa solares". E continua: "Durante os últimos três meses, o LSC e o Virgo conferiram cuidadosamente o sinal e concluíram definitivamente que fizemos a primeira medição direta de uma onda gravitacional e observamos o primeiro sistema binário de buracos negros". A carta está assinada "Dave, Rai e Kip". "Todos nós ressaltamos que nenhuma informação sobre a detecção pode ser tornada pública até que o artigo tenha sido publicado, provavelmente em algum momento de fevereiro." Eu não quero contar a ninguém. Estou aturdida. Passo as horas seguintes em silêncio, tentando imaginar o evento, visualizar os buracos negros colidindo, sacudindo o espaço-tempo, enviando o ruído em nossa direção — e tento, visceralmente, acreditar.

A colisão enviou para nós o mais poderoso evento único que já detectamos desde o big bang, a potência em forma de ondas gravitacionais, 100 bilhões de trilhões de vezes a luminosidade do Sol. Os detectores captaram as quatro órbitas finais de um buraco negro com massa 29 vezes maior que a do Sol fazendo um par com um buraco negro com massa 36 vezes maior que a do Sol. Afastados um do outro apenas algumas centenas de quilômetros, os buracos circularam a uma velocidade muito próxima à da luz. Ao caírem juntos, os horizontes do evento, distorcidos em sua proximidade, colidiram e se fundiram, desfazendo imperfeições para terminar num buraco negro silencioso com massa mais de sessenta vezes maior que a do Sol. O sinal gravado dessas poucas órbitas finais, a colisão e seu término duram duzentos milissegundos. Os ifos detectaram mudanças na extensão de seus quatro quilômetros da ordem de dezena de milésimos da largura de um próton, deslocamentos bem no âmbito do que Kip e outros tinham teorizado décadas atrás. O evento ainda é considerado ruidoso, superando o barulho de fundo em alguns lugares. O sinal pode ser sonorizado, mas é preciso reduzir a velocidade na reprodução da gravação para que se possa discernir a estrutura, a elevação do tom do chilreio à medida que os buracos negros se juntam, o assentamento na formação do buraco negro coalescido final. Há outros solavancos nos dados, mas nenhum tão flagrante, claro e distinto. A raridade de um evento tão ruidoso é difícil de determinar.

Com essa detecção única, o LIGO marcou o centenário da Teoria Geral.* Einstein apresentou a descrição geométrica da gravitação em 25 de novembro de 1915. Estritamente falando, a colaboração antecipou-se à data que era o objetivo de Rai, a da publicação do artigo subsequente de Einstein sobre ondas gravitacionais.

"O principal é que tirei esse peso das costas", diz Rai.

Ele provoca: "Minha mulher de repente está muito interessada nesse campo". Por coincidência, um amigo de Rai de longa data na NFS, Rich Isaacson, foi visitá-lo no Maine naquela semana, em meados de setembro. A primeira reação de Rich às notícias foi de uma dúvida endêmica. "Você acredita nisso?", ele perguntou. Havia até mesmo temores, que Rai compartilhava, de que

* Um segundo evento, o GW151226, detectado em 26 de dezembro de 2015, foi anunciado oficialmente em 15 de junho de 2016. Ele é consistente com a fusão de dois buracos negros com massas oito e catorze vezes maiores que a do Sol, e produziu um novo buraco negro com massa equivalente a 21 vezes a massa solar.

um sinal pudesse ter sido injetado maliciosamente, por hackers, mas o nível de conhecimentos detalhados que esse hacker precisaria ter provavelmente excederia o admissível em uma única pessoa, a menos que fosse um dos cientistas mais aptos e mais envolvidos na colaboração. E esses poucos foram interrogados por uma questão de precaução. A descrença foi cedendo lugar, relutantemente, a uma ainda hesitante excitação.

Quando me encontro com Kip, ele diz: "Foi um momento de profunda satisfação". Ele sempre esperou que a primeira fonte a ser detectada seria a de buracos negros, independentemente das posturas correntes que dominavam a opinião da comunidade no decorrer dos anos. Quanto mais maciços os buracos negros, mais ruidosa seria a colisão. Eles podem ser ouvidos a uma distância maior, o que faz com que mais buracos negros sejam passíveis de detecção, a despeito de sua população intrinsecamente menor. Para Kip, a questão era: "Quando?".

Conto que os pesquisadores haviam me advertido a ser paciente, acreditando que a primeira detecção não aconteceria por anos. "Bem, não Rana", Kip me corrige. "Rana insistiu que haveria uma detecção por agora."

Interrogo Rana quanto à sua presciência. Ele responde: "Eu sempre digo isso".

Ainda assim, quando, nos corredores, ouviu falar sobre o candidato, Rana não se abalou. "Acabamos de ligar essa coisa." Imperturbável, ele esperou um dia até ter a oportunidade de olhar os dados, e achou a simplicidade perfeita do sinal quase absurda. Não havia desvios acentuados da onda que fora prevista teoricamente. (Em alguns minutos, usando meus próprios códigos para buracos negros, reproduzi um modelo que parece muitíssimo com a forma de onda das órbitas finais e o chilreio dos dados registrados depois de depurados.) Ele esperava por um desafio à relatividade geral. Esperava ter ajudado a construir uma máquina para testar gravidade quântica. "Só vamos ter de trabalhar ainda mais duro", Rana diz.

Rai se permite um minuto de devaneio. "Buracos negros. Era disso que todos os veteranos estavam atrás. Geometria pura. Pura coalescência de espaço-tempo." Mas depois preocupa-se com o futuro. Os detectores já são mais sensíveis do que os da geração inicial. A comparação pode ser posta em perspectiva desta maneira, citando de um rascunho da publicação: "O período de 384 horas aqui relatado supera o de todas as observações anteriores de binários de buracos negros combinados". Mas a sensibilidade avançada dos ifos poderia ser ainda melhor. Rai está de volta ao trabalho, ajudando a diminuir ainda mais o ruído do detector, a se debruçar ainda mais sobre os instrumentos. A equipe ainda tem de trabalhar muito para operar um observatório totalmente produtivo, como foi prometido.

Eu digo: "Parabéns, Rai, mal posso expressar minha excitação. Nem consigo imaginar a sua".

"Bem, tirei o peso das costas, mas agora ele está ao meu lado."

Duas estrelas muito grandes estavam em órbita uma em torno da outra vários bilhões de anos atrás. Talvez houvesse planetas em volta delas, embora o sistema binário possa ter sido instável demais ou simples demais em sua composição para acomodar planetas. Então uma das estrelas morreu, depois a outra, e formaram-se dois buracos negros. Eles orbitaram na escuridão, provavelmente por bilhões de anos antes daqueles duzentos milissegundos finais, quando os buracos negros colidiram e se fundiram, deslanchando seu ruidoso trem de onda gravitacional dentro do universo.

O som viajou até nós a partir de uma distância de 1,4 bilhão de anos-luz. Um bilhão e 400 milhões de anos-luz. Algumas horas antes de a onda chegar à Terra, o LHO é travado. Uma hora antes de a onda chegar, o LLO é travado. No meio da noite, no estado de

Washington, os cientistas interrompem os esforços de um longo dia e vão para casa. Cientistas na Louisiana largam suas ferramentas e deixam os instrumentos imperturbados e em modo de observação. No espaço de uma hora, um sinal chega à Terra. A onda gravitacional veio da direção sul, passou por Louisiana atingindo o LLO primeiro antes de atingir na velocidade da luz o LHO dez milissegundos mais tarde.

Às oito horas, a onda já ultrapassara a Terra em 2 bilhões de quilômetros. Rai, de férias no Maine, verifica os registros como sempre, para ver se é necessário fazer alguma coisa, se há algo em que possa ajudar. Ele identifica as notas em vermelho sobre o congelamento de toda a atividade nas locações. Começa a se perguntar, juntamente com o resto da equipe: "O que está acontecendo?".

Haverá comunicados à imprensa. Trabalhos científicos serão publicados. Surgirá uma abundância de novos artigos, documentos, relatórios à NFS e registros cuidadosamente guardados. Continuaremos a enviar para o espaço um retrato de nossa melhor imagem, uma declaração de que estamos aqui, que estamos nos empenhando por um entendimento, que com frequência fracassamos e ocasionalmente temos sucesso. Ouvimos buracos negros colidindo. Com o melhor de nossa capacidade vamos apontar para o lugar de onde o som pode ter vindo, uma amostra de espaço de uma época primeva.

Em algum lugar no céu meridional, afastando-se de nós com a expansão do universo, o grande buraco negro vai rolar com sua própria galáxia, escuro e silencioso até que algo itinerante passe por ele, uma nuvem de poeira interestelar, ou uma estrela errante. Após alguns bilhões de anos, a galáxia hospedeira pode colidir com uma vizinha, arremessando o buraco negro, talvez em direção a um supermaciço buraco negro num centro galáctico em crescimento. Nossa estrela vai morrer. A Via Láctea vai se fundir com Andrômeda. O registro dessa descoberta e os destroços de nosso sistema solar vão cair em buracos negros, assim como tudo o mais no cosmo, o espaço em expansão ficará silencioso, e todos os buracos negros vão evaporar em esquecimento com a proximidade do fim do tempo.

Agradecimentos

Estou em dívida com muitos amigos, cientistas e engenheiros que me facultaram um discernimento dos instrumentos e da colaboração, que me levaram pelos laboratórios, que passaram horas num quadro-negro ou com papel e caneta, que fizeram com que as viagens pelo país fossem menos estridentes e muito mais divertidas. Agradeço a vocês, Rana X. Adhikari, Barry Barish, Aidan Brooks, Jenne Driggers, Jocelyn Bell Burnell, Mathew Evans, Joe Giaime, Peter Goldreich, Gabriela González, Eric Gustafson, Dale Ingram, Richard Isaacson, Michael Landry, Szabi Marka, Zsuzsa Marka, Jay Marx, Nergis Mavalvala, Syd Meshkov, Jerry Ostriker, Brian O'Reilly, Larry Price, Fred Raab, Vivien Raymond, David Reitze, Jameson Rollins, Daniel Sigg, Nicolas Smith, Virginia Trimble, Tony Tyson, Robbie Vogt e Alan Weinstein. Eu poderia e provavelmente deveria ter escrito sobre todos eles. Embora só uns poucos tivessem restado no manuscrito final, muitos desses colaboradores apareceram na versão mais longa deste livro. Infelizmente, algumas histórias se perderam à medida que o livro ganhava forma.

Meu mais profundo respeito, minha admiração e minha gratidão a Kip Thorne e a Rainer Weiss, por terem sido tão generosos com suas lembranças e com seu tempo. A importância de seu cuidadoso e paciente escrutínio da história para a coerência deste livro nunca poderia ser exagerada. Eles continuamente me impressionaram com sua honestidade, integridade, inteligência e intensidade, e com seu entusiasmo. Foi um prazer tê-los conhecido.

Sou grata ao Instituto de Tecnologia da Califórnia e aos laboratórios do LIGO, por sua hospitalidade. Agradeço especialmente a Carol Silberstein, Sean Carroll e Mark Wise. Preciso ainda expressar minha gratidão aos arquivistas da Caltech, por seu trabalho duro e esforços constantes.

Este livro foi escrito no inesperado santuário de dois estúdios de artistas no Brooklyn: Dark Matter Manufacturing (DaMM) e Pioneer Works. Envio todo o meu amor e a minha gratidão aos amigos ali. Obrigada pelo caos essencial, pela energia criativa enlouquecida, pelo barulho desnecessário, pelas festas incríveis e pela inspiração crucial.

Devo muito ao Barnard College, por seu excepcional apoio durante muitos anos, e especificamente pelo Presidential Research Award. Também agradeço o apoio da Guggenheim Fellowship durante a escrita deste livro. Obrigada a Lia Halloran e à Universidade Chapman, pela hospitalidade durante o Chancellor's Fellow. Obrigada a Matthew Putman, por estabelecer uma residência no Pioneer Works e, de maneira geral, por ter e encorajar ideias malucas.

Agradeço a John Brockman, Katinka Matson e Max Brockman, por me meter em apuros. E a Russell Weinberger e Warren Malone, pelo título.

Minha especial gratidão a meu perspicaz, compreensivo e excelente editor Dan Frank.

Obrigada a meu querido amigo Pedro Ferreira, por seu incrível apoio, exatamente quando eu tinha de ouvir precisamente aquilo.

Não fiz justiça, nem poderia, a todos os cientistas e engenheiros que foram cruciais para completar o projeto que Kip, Rai e Ron começaram cinquenta anos atrás. Dezenas de pessoas merecem mais reconhecimento do que pude dar. Não tenho como corrigir essa desatenção, mas posso mencionar toda a Colaboração Científica LIGO em compensação. Segue a lista oficial, que consiste não só nos pesquisadores que construíram o instrumento, mas também em teóricos e analistas de dados que investiram no sucesso do LIGO por todo o mundo. A lista inclui também os colaboradores do projeto Virgo europeu. Como diz Rai, "é preciso uma aldeia".

A Colaboração Científica LIGO e a Colaboração Virgo

B. P. Abbott, R. Abbott, T. D. Abbott, M. R. Abernathy, F. Acernese, K. Ackley, C. Adams, T. Adams, P. Addesso, R. X. Adhikari, V. B. Adya, C. Affeldt, M. Agathos, K. Agatsuma, N. Aggarwal, O. D. Aguiar, A. Ain, P. Ajith, B. Allen, A. Allocca, P. A. Altin, D. V. Amariutei, S. B. Anderson, W. G. Anderson, K. Arai, M. C. Araya, C. C. Arceneaux, J. S. Areeda, N. Arnaud, K. G. Arun, G. Ashton, M. Ast, S. M. Aston, P. Astone, P. Aufmuth, C. Aulbert, S. Babak, P. T. Baker, F. Baldaccini, G. Ballardin, S. W. Ballmer, J. C. Barayoga, S. E. Barclay, B. C. Barish, D. Barker, F. Barone, B. Barr, L. Barsotti, M. Barsuglia, D. Barta, J. Bartlett, I. Bartos, R. Bassiri, A. Basti, J. C. Batch, C. Baune, V. Bavigadda, M. Bazzan, B. Behnke, M. Bejger, C. Belczynski, A. S. Bell, C. J. Bell, B. K. Berger, J. Bergman, G. Bergmann, C. P. L. Berry, D. Bersanetti, A. Bertolini, J. Betzwieser, S. Bhagwat, R. Bhandare, I. A. Bilenko, G. Billingsley, J. Birch, R. Birney, S. Biscans, A. Bisht, M. Bitossi, C. Biwer, M. A. Bizouard, J. K. Blackburn, C. D. Blair, D. Blair, R. M. Blair, S. Bloemen, O. Bock, T. P. Bodiya, M. Boer, G. Bogaert, C. Rogan, A. Bohe, P. Bojtos, C. Bond, F. Bondu, R. Bonnand, R. Bork, V. Boschi, S. Bose, A.

Bozzi, C. Bradaschia, P. R. Brady, V. B. Braginsky, M. Branchesi, J. E. Brau, T. Briant, A. Brillet, M. Brinkmann, V. Brisson, P. Brockill, A. F. Brooks, D. A. Brown, D. D. Brown, N. M. Brown, C. C. Buchanan, A. Buikema, T. Bulik, H. J. Bulten, A. Buonanno, D. Buskulic, C. Buy, R. L. Byer, L. Cadonati, G. Cagnoli, C. Cahillane, J. Calderón Bustillo, T. Callister, E. Calloni, J. B. Camp, K. C. Cannon, J. Cao, C. D. Capano, E. Capocasa, F. Carbognani, S. Caride, J. Casanueva Diaz, C. Casentini, S. Caudill, M. Cavaglià, F. Cavalier, R. Cavalieri, G. Cella, C. Cepeda, L. Cerboni Baiardi, G. Cerretani, E. Cesarini, R. Chakraborty, T Chalermsongsak, S. J. Chamberlin, M. Chan, S. Chao, P. Charlton, E. Chassande-Mottin, H. Y. Chen, Y. Chen, C. Cheng, A. Chincarini, A. Chiummo, H. S. Cho, M. Cho, J. H. Chow, N. Christensen, Q. Chu, S. Chua, S. Chung, G. Ciani, F. Clara, J. A. Clark, F. Cleva, E. Coccia, P.-F. Cohadon, A. Colla, C. G. Collette, M. Constancio, Jr., A. Conte, L. Conti, D. Cook, T. R. Corbitt, N. Cornish, A. Corsi, S. Cortese, C. A. Costa, M. W. Coughlin, S. B. Coughlin, J.-P. Coulon, S. T. Countryman, P. Couvares, D. M. Coward, M. J. Cowart, D. C. Coyne, R. Coyne, K. Craig, J. D. E. Creighton, J. Cripe, S. G. Crowder, A. Cumming, L. Cunningham, E. Cuoco, T. Dal Canton, S. L. Danilishin, S. D'Antonio, K. Danzmann, N. S. Darman, V. Dattilo, I. Dave, H. P. Daveloza, M. Davier, G. S. Davies, E. J. Daw, R. Day, D. DeBra, G. Debreczeni, J. Degallaix, M. De Laurentis, S. Deléglise, W. Del Pozzo, T. Denker, T. Dent, H. Dereli, V. Dergachev, R. DeRosa, R. De Rosa, R. DeSalvo, S. Dhurandhar, M. C. Díaz, L. Di Fiore, M. Di Giovanni, A. Di Lieto, I. Di Palma, A. Di Virgilio, G. Dojcinoski, V. Dolique, F. Donovan, K. L. Dooley, S. Doravari, R. Douglas, T. P. Downes, M. Drago, R. W. P. Drever, J. C. Driggers, Z. Du, M. Ducrot, S. E. Dwyer, T. B. Edo, M. C. Edwards, A. Effler, H.-B. Eggenstein, P. Ehrens, J. M. Eichholz, S. S. Eikenberry, W. Engels, R. C. Essick, T. Etzel, M. Evans, T. M. Evans, R. Everett, M. Factourovich, V. Fafone, H. Fair, S. Fairhurst, X. Fan, Q. Fang, S.

Farinon, B. Farr, W. M. Farr, M. Favata, M. Fays, H. Fehrmann, M. M. Fejer, I. Ferrante, E. C. Ferreira, F. Ferrini, F. Fidecaro, I. Fiori, R. P. Fisher, R. Flaminio, M. Fletcher, J.-D. Fournier, S. Franco, S. Frasca, F. Frasconi, Z. Frei, A. Freise, R. Frey, T. T. Fricke, P. Fritschel, V. V. Frolov, P. Fulda, M. Fyffe, H. A. G. Gabbard, J. R. Gair, L. Gammaitoni, S. G. Gaonkar, F. Garufi, A. Gatto, G. Gaur, N. Gehrels, G. Gemme, B. Gendre, E. Genin, A. Gennai, J. George, L. Gergely, V. Germain, A. Ghosh, S. Ghosh, J. A. Giaime, K. D. Giardina, A. Giazotto, K. Gill, A. Glaefke, E. Goetz, R. Goetz, L. Gondan, G. González, J. M. González Castro, A. Gopakumar, N. A. Gordon, M. L. Gorodetsky, S. E. Gossan, M. Gosselin, R. Gouaty, C. Graef, P. B. Graff, M. Granata, A. Grant, S. Gras, C. Gray, G. Greco, A. C. Green, P. Groot, H. Grote, S. Grunewald, G. M. Guidi, X. Guo, A. Gupta, M. K. Gupta, K. E. Gushwa, E. K. Gustafson, R. Gustafson, J. J. Hacker, B. R. Hall, E. D. Hall, G. Hammond, M. Haney, M. M. Hanke, J. Hanks, C. Hanna, M. D. Hannam, J. Hanson, T. Hardwick, J. Harms, G. M. Harry, I. W. Harry, M. J. Hart, M. T. Hartman, C.-J. Haster, K. Haughian, A. Heidmann, M. C. Heintze, H. Heitmann, P. Hello, G. Hemming, M. Hendry, I. S. Heng, J. Hennig, A. W. Heptonstall, M. Heurs, S. Hild, D. Hoak, K. A. Hodge, D. Hofman, S. E. Hollitt, K. Holt, D. E. Holz, P. Hopkins, D. J. Hosken, J. Hough, E. A. Houston, E. J. Howell, Y. M. Hu, S. Huang, E. A. Huerta, D. Huet, B. Hughey, S. Husa, S. H. Huttner, T. Huynh-Dinh, A. Idrisy, N. Indik, D. R. Ingram, R. Inta, H. N. Isa, J.-M. Isac, M. Isi, G. Islas, T. Isogai, B. R. Iyer, K. Izumi, T. Jacqmin, H. Jang, K. Jani, P. Jaranowski, S. Jawahar, F. Jiménez--Forteza, W. W. Johnson, D. I. Jones, R. Jones, R. J. G. Jonker, L. Ju, H. K. C. V. Kalaghatgi, V. Kalogera, S. Kandhasamy, G. Kang, J. B. Kanner, S. Karki, M. Kasprzack, E. Katsavounidis, W. Katzman, S. Kaufer, T. Kaur, K. Kawabe, F. Kawazoe, F. Kéfélian, M. S. Kehl, D. Keitel, D. B. Kelley, W. Kells, R. Kennedy, J. S. Key, A. Khalaidovski, F. Y. Khalili, S. Khan, Z. Khan, E. A. Khazanov, N. Kijbunchoo, C.

Kim, J. Kim, K. Kim, N. Kim, N. Kim, Y.-M. Kim, E. J. King, P. J. King, D. L. Kinzel, J. S. Kissel, L. Kleybolte, S. Klimenko, S. M. Koehlenbeck, K. Kokeyama, S. Koley, V. Kondrashov, A. Kontos, M. Korobko, W. Z. Korth, I. Kowalska, D. B. Kozak, V. Kringel, B. Krishnan, A. Królak, C. Krueger, G. Kuehn, P. Kumar, L. Kuo, A. Kutynia, B. D. Lackey, M. Landry, J. Lange, B. Lantz, P. D. Lasky, A. Lazzarini, C. Lazzaro, P. Leaci, S. Leavey, E. Lebigot, C. H. Lee, H. K. Lee, H. M. Lee, K. Lee, M. Leonardi, J. R. Leong, N. Leroy, N. Letendre, Y. Levin, B. M. Levine, T. G. F. Li, A. Libson, T. B. Littenberg, N. A. Lockerbie, J. Logue, A. L. Lombardi, J. E. Lord, M. Lorenzini, V. Loriette, M. Lormand, G. Losurdo, J. D. Lough, H. Lück, A. P. Lundgren, J. Luo, R. Lynch, Y. Ma, T. MacDonald, B. Machenschalk, M. MacaInnis, D. M. Macleod, F. Magaña-Sandoval, R. M. Magee, M. Mageswaran, E. Majorana, I. Maksimovic, V. Malvezzi, N. Man, I. Mandel, V. Mandic, V. Mangano, G. L. Mansell, M. Manske, M. Mantovani, F. Marchesoni, F. Marion, S. Márka, Z. Márka, A. S. Markosyan, E. Maros, F. Martelli, L. Martellini, I. W. Martin, R. M. Martin, D. V. Martynov, J. N. Marx, K. Mason, A. Masserot, T. J. Massinger, M. Masso-Reid, F. Matichard, L. Matone, N. Mavalvala, N. Mazumder, G. Mazzolo, R. McCarthy, D. E. McClelland, S. McCormick, S. C. McGuire, G. McIntyre, J. McIver, D. J. McManus, S. T. McWilliams, D. Meacher, G. D. Meadors, J. Meidam, A. Melatos, G. Mendell, D. Mendoza-Gandara, R. A. Mercer, E. Merilh, M. Merzougui, S. Meshkov, C. Messenger, C. Messick, P. M. Meyers, F. Mezzani, H. Miao, C. Michel, H. Middleton, E. E. Mikhailov, L. Milano, J. Miller, M. Millhouse, Y. Minenkov, J. Ming, S. Mirshekari, C. Mishra, S. Mitra, V. P. Mitrofanov, G. Mitselmakher, R. Mittleman, A. Moggi, S. R. P. Mohapatra, M. Montani, B. C. Moore, C. J. Moore, D. Moraru, G. Moreno, S. R. Morriss, K. Mossavi, B. Mours, C. M. Mow-Lowry, C. L. Mueller, G. Mueller, A. W. Muir, A. Mukherjee, D. Mukherjee, S. Mukherjee, A. Mullavey, J. Munch, D. J. Murphy, P. G. Murray, A.

Mytidis, I. Nardecchia, L. Naticchioni, R. K. Nayak, V. Necula, K. Nedkova, G. Nelemans, M. Neri, A. Neunzert, G. Newton, T. T. Nguyen, A. B. Nielsen, S. Nissanke, A. Nitz, F. Nocera, D. Nolting, M. E. N. Normandin, L. K. Nuttall, J. Oberling, E. Ochsner, J. O'Dell, E. Oelker, G. H. Ogin, J. J. Oh, S. H. Oh, F. Ohme, M. Oliver, P. Oppermann, R. J. Oram, B. O'Reilly, R. O'Shaughnessy, C. D. Ott, D. J. Ottaway, R. S. Ottens, H. Overmier, B. J. Owen, A. Pai, S. A. Pai, J. R. Palamos, O. Palashov, C. Palomba, A. Pal-Singh, H. Pan, C. Pankow, F. Pannarale, B. C. Pant, F. Paoletti, A. Paoli, M. A. Papa, H. R. Paris, W. Parker, D. Pascucci, A. Pasqualetti, R. Passaquieti, D. Passuello, Z. Patrick, B. L. Pearlstone, M. Pedraza, R. Pedurand, L. Pekowsky, A. Pele, S. Penn, R. Pereira, A. Perreca, M. Phelps, O. Piccinni, M. Pichot, F. Piergiovanni, V. Pierro, G. Pillant, L. Pinard, I. M. Pinto, M. Pitkin, R. Poggiani, A. Post, J. Powell, J. Prasad, V. Predoi, S. S. Premachandra, T. Prestegard, L. R. Price, M. Prijatelj, M. Principe, S. Privitera, R. Prix, G. A. Prodi, L. Prokhorov, M. Punturo, P. Puppo, M. Pürrer, H. Qi, J. Qin, V. Quetschke, E. A. Quintero, R. Quitzow-James, F. J. Raab, D. S. Rabeling, H. Radkins, P. Raffai, S. Raja, M. Rakhmanov, P. Rapagnani, V. Raymond, M. Razzano, V. Re, J. Read, C. M. Reed, T. Regimbau, L. Rei, S. Reid, D. H. Reitze, H. Rew, F. Ricci, K. Riles, N. A. Robertson, R. Robie, F. Robinet, A. Rocchi, L. Rolland, J. G. Rollins, V. J. Roma, J. D. Romano, R. Romano, G. Romanov, J. H. Romie, D. Rosínska, S. Rowan, A. Rüdiger, P. Ruggi, K. Ryan, S. Sachdev, T. Sadecki, L. Sadeghian, M. Saleem, F. Salemi, A. Samajdar, L. Sammut, E. J. Sanchez, V. Sandberg, B. Sandeen, J. R. Sanders, B. Sassolas, B. S. Sathyaprakash, P. R. Saulson, O. Sauter, R. L. Savage, A. Sawadsky, P. Schale, R. Schilling, J. Schmidt, P. Schmidt, R. Schnabel, A. Schnbeck, R. M. S. Schofield, E. Schreiber, D. Schuette, B. F. Schutz, J. Scott, S. M. Scott, D. Sellers, D. Sentenac, V. Sequino, A. Sergeev, G. Serna, Y. Setyawati, A. Sevigny, D. A. Shaddock, S. Shah, M. S. Shahriar, M. Shaltev, Z. Shao, B. Shapiro,

P. Shawhan, A. Sheperd, D. H. Shoemaker, D. M. Shoemaker, K. Siellez, X. Siemens, D. Sigg, A. D. Silva, D. Simakov, A. Singer, L. P. Singer, A. Singh, R. Singh, A. M. Sintes, B. J. J. Slagmolen, J. R. Smith, N. D. Smith, R. J. E. Smith, E. J. Son, B. Sorazu, F. Sorrentino, T. Souradeep, A. K. Srivastava, A. Staley, M. Steinke, J. Steinlechner, S. Steinlechner, D. Steinmeyer, B. C. Stephens, R. Stone, K. A. Strain, N. Straniero, G. Stratta, N. A. Strauss, S. Strigin, R. Sturani, A. L. Stuver, T. Z. Summerscales, L. Sun, P. J. Sutton, B. L. Swinkels, M. J. Szczepanczyk, M. Tacca, D Talukder, D. B. Tanner, M. Tápai, S. P. Tarabrin, A. Taracchini, R. Taylor, T. Theeg, M. P. Thirugnanasambandam, E. G. Thomas, M. Thomas, P. Thomas, K. A. Thorne, K. S. Thorne, E. Thrane, S. Tiwari, V. Tiwari, K. V. Tokmakov, C. Tomlinson, M. Tonelli, C. V. Torres, C. I. Torrie, D. Töyrä, F. Travasso, G. Traylor, D. Trifiro, M. C. Tringali, L. Trozzo, M. Tse, M. Turconi, D. Tuyenbayev, D. Ugolini, C. S. Unnikrishnan, A. L. Urban, S. A. Usman, H. Vahlbruch, G. Vajente, G. Valdes, N. van Bakel, M. van Beuzekom, J. F. J. van den Brand, C. van den Broeck, L. van der Schaaf, it V. van der Sluys, J. V. van Heijningen, A. A. van Veggel, M. Vardaro, S. Vass, M. Vasúth, R. Vaulin, A. Vecchio, G. Vedovato, J. Veitch, P. J. Veitch, K. Venkateswara, D. Verkindt, F. Vetrano, A. Viceré, S. Vinciguerra, J.-Y. Vinet, S. Vitale, T. Vo, H. Vocca, C. Vorvick, W. D. Vousden, S. P. Vyatchanin, A. R. Wade, L. E. Wade, M. Wade, M. Walker, L. Wallace, S. Walsh, G. Wang, H. Wang, M. Wang, X. Wang, Y. Wang, R. L. Ward, J. Warner, M. Was, B. Weaver, L.-W. Wei, M. Weinert, A. J. Weinstein, R. Weiss, T. Welborn, L. Wen, P. Wessels, T. Westphal, K. Wette, J. T. Whelan, S. E. Whitcomb, D. J. White, B. F. Whiting, R. D. Williams, A. R. Williamson, J. L. Willis, B. Willke, M. H. Wimmer, W. Winkler, C. C. Wipf, H. Wittel, G. Woan, J. Worden, J. L. Wright, G. Wu, J. Yablon, W. Yam, H. Yamamoto, C. C. Yancey, M. J. Yap, H. Yu, M. Yvert, A. Zadrozny, L. Zangrando, M. Zanolin, J.-P. Zendri, M. Zevin, F. Zhang, L. Zhang, M. Zhang, Y. Zhang, C. Zhao, M. Zhou, Z. Zhou, X. J. Zhu, M. E. Zucker, S. E. Zuraw, J. Zweizig.

Notas sobre as fontes

1. QUANDO BURACOS NEGROS COLIDEM [pp. 11-4]

A citação na p. 13, "uma variação em distância correspondente a menos do que a espessura de um fio de cabelo humano em relação a uma extensão equivalente a 100 bilhões de vezes a circunferência do mundo", foi retirada de: Tyson, Anthony. Testemunho na audiência do Comitê de Ciência, Espaço e Tecnologia da Câmara dos Representantes, 13 mar. 1991.

2. ALTA-FIDELIDADE [pp. 15-33]

Ao longo do livro, juntei várias entrevistas minhas com Rainer Weiss, realizadas no decorrer de encontros entre 2013 e 2015, além da entrevista feita por Shirley Cohen para o Projeto de História Oral, citada abaixo. Em alguns casos, as respostas de Rai para mim e para Shirley foram semelhantes o bastante para eu preferir usar a transcrição dela, em deferência à data anterior de sua entrevista.

Weiss, Rainer. Entrevista a Shirley Cohen. Pasadena, Califórnia, 10 maio 2000. Projeto de História Oral, Arquivos do Instituto de Tecnologia da Califórnia.

Weiss, Rainer. Série de entrevistas à autora em 2013-5.

3. RECURSOS NATURAIS [pp. 34-51]

Todas as citações de Kip Thorne foram extraídas de: Thorne, Kip. Série de entrevistas à autora em 2013-5.

Para grande parte da história da relatividade geral, eu me baseei no excelente livro do astrofísico Pedro Ferreira. Ver *The Perfect Theory, A Century or Geniuses and the Battle over General Relativity*. Nova York: Hougton Mifflin, 2014.

Thorne, Kip S. *Black Holes and Time Warps: Einstein's Outrageous Legacy.* Nova York: W. W. Norton, 1995.

Wheeler, John Archibald. *Geons, Black Holes, and Quantum Foam: A Life in Physics.* Nova York: W.W. Norton, 1998.

O número de ph.Ds. que Wheeler orientou foi tirado de: Christensen, Terry M. *Physics Today*, v. 62, item 4, p. 55, ago. 2009.

4. CHOQUE CULTURAL [pp. 52-66]

Drever, Ronald P. Entrevista a Shirley Cohen. Pasadena, Califórnia, 10 maio 2000. Projeto de História Oral, Arquivos do Instituto de Tecnologia da Califórnia.

Além das próprias palavras de Ron, sou grata a Ian Drever por compartilhar suas lembranças de infância. Baseei-me, com liberalidade e gratidão, em:

Drever, John (Ian). Comunicação privada de um documento que o dr. Ian Drever escreveu sobre sua família e seu irmão mais velho, Ronald, out. 2015.

5. JOE WEBER [pp. 67-78]

Todas as citações de Weber foram tiradas de: Weber, Joseph. Entrevista com Kip Thorne durante pesquisa para seu livro *Black Holes and Time Warps: Einstein's Outrageous Legacy.* Arquivos do Instituto de Tecnologia da Califórnia, 20 jul. 1982.

Todas as citações de Drever foram tiradas de: Drever, Ronald P. Entrevista a Shirley Cohen. Pasadena, Califórnia. Sessão 1: 21 jan. 1997. Sessão 2: 10 fev. 1997. Sessão 3: 25 fev. 1997. Sessão 4: 13 mar. 1997. Sessão 5: 3 jun. 1997. Projeto de História Oral, Arquivos do Instituto de Tecnologia da Califórnia.

Bartusiak, Marcia. *Einstein's Unfinished Symphony: Listening to the Sounds of Spacetime*, Washington, DC: Joseph Henry, 2000.

Collins, Harry. *Gravity's Shadow: The Search for Gravitational Waves.* Chicago: The University of Chicago Press, 2004.

Dyson, Freeman. "The Gravitational Machines". In: *Interstellar Communication: A Collection of Reprints and Original* Contributions. Org. de A. G. W. Cameron. Nova York: W. A. Benjamin, 1963, p. 115.

Todas as citações de Tony Tyson foram tiradas de: Tyson, Anthony. Entrevista à autora, 2015.

6. PROTÓTIPOS [pp. 79-89]

Weiss, Rainer. Série de entrevistas à autora em 2013-5.

Weiss, Rainer. Entrevista a Shirley Cohen. Pasadena, Califórnia, 10 maio 2000. Projeto de História Oral, Arquivos do Instituto de Tecnologia da Califórnia.

Gertsenshtein, Mikhail E.; Pustovoit, V. I. "On the Detection of Low-Frequency Gravitational Waves", *Soviet Physics-JETP* 16, 1963, pp. 433-5.

Todas as citações de Kip Thorne foram tiradas de: Thorne, Kip. Série de entrevistas à autora em 2013-5.

Isaacson, Richard. Entrevista à autora, 2015.

7. A TROIKA [pp. 90-102]

Weiss, Rainer. Série de entrevistas à autora em 2013-5.

Weiss, Rainer. Entrevista a Shirley Cohen. Pasadena, Califórnia, 10 maio 2000. Projeto de História Oral, Arquivos do Instituto de Tecnologia da Califórnia.

Todas as citações de Drever foram tiradas de: Drever, Ronald P. Entrevista a Shirley Cohen. Pasadena, Califórnia. Sessão 1: 21 jan. 1997. Sessão 2: 10 fev. 1997. Sessão 3: 25 fev. 1997. Sessão 4: 13 mar. 1997. Sessão 5: 3 jun. 1997. Projeto de História Oral, Arquivos do Instituto de Tecnologia da Califórnia.

8. A ESCALADA [pp. 103-14]

Todas as citações de Drever foram tiradas de: Drever, Ronald P. Entrevista a Shirley Cohen. Pasadena, Califórnia. Sessão 1: 21 jan. 1997. Sessão 2: 10 fev. 1997. Sessão 3: 25 fev. 1997. Sessão 4: 13 mar. 1997. Sessão 5: 3 jun. 1997. Projeto de História Oral, Arquivos do Instituto de Tecnologia da Califórnia.

Bell Burnell, Jocelyn. Entrevista à autora, 2015.

Longair, Malcolm. *The Cosmic Century: A History of Astrophysics and Cosmology*. Cambridge, Inglaterra: Cambridge University Press, 2006.

9. WEBER E TRIMBLE [pp. 115-25]

Todas as citações de Virginia Trimble foram tiradas de: Trimble, Virginia. Entrevista à autora, 2014, com exceção das referidas especificamente como: "Behind a Lovely Face, a 180 I.Q.". *Life*, 19 set. 1962, pp. 98-9.

Todas as citações de Weber foram tiradas de: Weber, Joseph. Entrevista com Kip Thorne durante pesquisa para seu livro *Black Holes and Time Warps: Einstein's Outrageous Legacy*. Arquivos do Instituto de Tecnologia da Califórnia, 20 jul. 1982.

A carta de Collins a Dyson foi tirada de: Collins, Harry. *Gravity's Shadow: The Search for Gravitational Waves*. Chicago: The University of Chicago Press, 2004.

10. O LHO [pp. 126-41]

Landry, Michael. Série de entrevistas à autora em 2012-5.

Weiss, Rainer. Série de entrevistas à autora em 2013-5.

Weiss, Rainer. Entrevista a Shirley Cohen. Pasadena, Califórnia, 10 maio 2000. Projeto de História Oral, Arquivos do Instituto de Tecnologia da Califórnia.

11. LABORATÓRIO DE DESENVOLVIMENTO AVANÇADO [pp. 142-60]

A citação na p. 145, "Se eu retornasse, meus colegas teriam...", foi tirada de um artigo da Caltech disponível em: <calteches.library.caltech.edu/3432/1/Vogt.pdf>.

As outras citações de Vogt foram tiradas de: Vogt, Rochus. Entrevista à autora, 2014.

Collins, Harry. *Gravity's Shadow: The Search for Gravitational Waves*. Chicago: The University of Chicago Press, 2004.

As citações de Tyson foram tiradas de: Tyson, Anthony. Entrevista à autora, 2015.

12. APOSTANDO [pp. 161-72]

Ostriker, Jeremiah. Entrevista à autora, 2015.

Thorne, Kip. Série de entrevistas à autora em 2013-5.

A citação de Hawking foi tirada de: Kip S. Thorne. *Black Holes and Time Warps: Einstein's Outrageous Legacy.* Nova York: W. W. Norton, 1995.

Ver também: Hawking, Stephen. *Uma breve história do tempo*. Rio de Janeiro: Intrínseca, 2015.

13. RASHOMON [pp. 173-85]

Todas as citações de Vogt foram tiradas de: Vogt, Rochus. Entrevista à autora, 2014.

Todas as citações de Whitcomb foram tiradas de: Whitcomb, Stanley. Série de entrevistas à autora em 2012-5.

Todas as citações de Drever foram tiradas de: Drever, Ronald P. Entrevista a Shirley Cohen. Pasadena, Califórnia. Sessão 1: 21 jan. 1997. Sessão 2: 10 fev. 1997. Sessão 3: 25 fev. 1997. Sessão 4: 13 mar. 1997. Sessão 5: 3 jun. 1997. Projeto de História Oral, Arquivos do Instituto de Tecnologia da Califórnia.

Weiss, Rainer. Série de entrevistas à autora em 2013-5.

Weiss, Rainer. Entrevista a Shirley Cohen. Pasadena, Califórnia, 10 maio 2000. Projeto de História Oral, Arquivos do Instituto de Tecnologia da Califórnia.

Goldreich, Peter. Entrevista a Shirley Cohen. Pasadena, Califórnia, mar., abr., nov. 1998. Projeto de História Oral, Arquivos do Instituto de Tecnologia da Califórnia.

O memorando está numa coleção de manuscritos que aparecem num item dos Arquivos da Caltech intitulado "Documents of the Drever-LIGO controversy". Os documentos ainda estão lacrados quando escrevo este texto.

14. O LLO [pp. 186-202]

Braginsky, Vladimir. Entrevista a Shirley Cohen. Pasadena, Califórnia, 1 jan. 1997. Projeto de História Oral, Arquivos do Instituto de Tecnologia da Califórnia.

Adhikari, Rana X. Série de entrevistas à autora em 2011-5.

O'Reilly, Brian. Série de entrevistas à autora em 2013-5.

González, Gabriela. Série de entrevistas à autora em 2013-5.
Giame, Joe. Série de entrevistas à autora em 2013-5.
Barish, Barry. Série de entrevistas à autora em 2013-5.

16. A CORRIDA COMEÇOU [pp. 214-22]

Vogt, Rochus. Entrevista à autora, 2014.
Thorne, Kip. Série de entrevistas à autora em 2013-5.
Weiss, Rainer. Série de entrevistas à autora em 2013-5.
Hough, James. Entrevista à autora, 2015.

Índice remissivo

ESTA OBRA FOI COMPOSTA EM MINION PELO ACQUA ESTÚDIO E IMPRESSA PELA GRÁFICA BARTIRA EM OFSETE SOBRE PAPEL PÓLEN SOFT DA SUZANO PAPEL E CELULOSE PARA A EDITORA SCHWARCZ EM SETEMBRO DE 2016

A marca FSC® é a garantia de que a madeira utilizada na fabricação do papel deste livro provém de florestas que foram gerenciadas de maneira ambientalmente correta, socialmente justa e economicamente viável, além de outras fontes de origem controlada.